JN172164

小池伸介

わたしのクマ研究

さ・え・ら書房

わたしのクマ研究

わたしのクマ研究――もくじ

装丁　生沼伸子
挿絵　中村広子

第一章

クマ研究 事始め

◆きっかけ

現在、わたしはツキノワグマの生態を中心に研究活動をしている。この本もツキノワグマを中心に述べているので、単に「クマ」といったら「ツキノワグマ」のことだ。

じつは、わたしは昔からクマの研究をしたかったわけではない。どちらかというと、子どものころのわたしはいわゆる昆虫《こんちゅう》少年で、捕虫網《ほちゅうあみ》を持って河原などで虫を追いかけることが好きだった。森の中でひっそりとすむ野生動物のことなど、考えたこともなかったのだ。

しかし、わたしが中学生、高校生のころになると、一九九二年にはブラジルで地球サミットが開催《かいさい》されるなど、環境《かんきょう》問題に関するニュースを目にする機会がふえた。なかでも、熱帯などでは森が人間の開発によって切りつくされることで、多くの動物の生息地が失われ、絶滅《ぜつめつ》の危機に瀕《ひん》しているといった報道に興味を持ったのをよく覚えている。ただ、それらの報道の舞台《ぶたい》は、いずれも東南アジアやアフリカといった海外ばかりであり、日本での野生動物に関する報道は、各地でさまざまな人間と野生動物の問題が頻繁《ひんぱん》に報道される現在に比べると、とても少なかった。

そんな中、「森林をつなぎ、生物の生活圏《せいかつけん》拡大　富士山ろくに『緑の回廊《かいろう》』」という見出しの新

緑の回廊《かいろう》

聞記事が目に飛びこんできた。日本でも森林伐採《ばっさい》などにより森林が分断され、そこに生息する野生動物の生息場所が狭《せば》められてしまい絶滅《ぜつめつ》の危機に陥《おちい》っていること、そして、分断された森林どうしを新たに森でつなぐことで、それぞれの森に生息している動物の生息場所を広げ、さらに交流できるようにしようとする取り組みが、富士山周辺で検討されているというのが記事の内容だった。

この森と森とをつなげる新たな森のことを「緑の回廊《かいろう》」と名付けられていることを、このときはじめて知った。そして、なによりも日本で、動物のために新たに森を作るということ、さらには日本にも野生動物の問題が存在しているということ自体が、わたしにとって大きな驚《おどろ》きであった。

この新聞記事を見たのは、わたしが高校生のときで、受験する大学を考えている時期でもあった。そのため、漠然《ばくぜん》とではあるが、わたしたちが生活する日本の森にすむ野生動物のことを大学で学んでみたいという思いが、この記事によって芽生えてきたことをよく覚えている。

しかし、一九九〇年代後半の日本各地の大学には、野生動物、それもわたしが興味をもった野生での生態を研究テーマとしてあつかっている研究者はきわめて少なかった。そして、それら研究者の多くは、海外の霊長類《れいちょうるい》か、哺乳類《ほにゅうるい》以外の動物を対象としていた。また、わたしは「緑の回廊《かいろう》」のインパクトが強かったこともあり、できれば動物だけではなく、その動物がすんでいる森のことも学びたいと考えていた。そのため、獣医学《じゅういがく》関係や理学部ではなく、森林と動物の勉強や研究ができる大学を探したところ、東京農工大学がそれに該当《がいとう》し、受験することにした。そして、わたしが十八歳《さい》、一九九七年の春に無事、東京農工大学に入学することができたのだった。

◆わたしとクマとの出会い

希望の大学に入学したものの、いきなり一年生から研究を始められるわけではない。大学二年生ぐらいまでは、どこの大学でも授業や実験、実習などが毎日の大部分を占《し》める。だから、通常は、大学の先生との接点も授業で顔を合わせる程度で、個人的に先生とお話する機会もそれほどないのがふつうだ。そして、三年生になってようやく自分の興味のある研究をおこなっている先生を選び、そしてその先生の下について研究をはじめることになる。これを、「研究室に入る」とも言うのだが、ここで初めて本格的な研究や調査、実験などをおこなうことになる。

しかし、わたしの入学した東京農工大学の農学部には「自主ゼミ」といって、部活動やサークル活動とは別に、自主的な勉強を中心とした集まりがいくつも存在した。その中の一つに、上級生の野生動物の調査を手伝いながら、野生動物について勉強するという集まりがあった。その自主ゼミは、後々わたしの先生となる古林賢恒《ふるばやしけんご》先生が開催《かいさい》する「古林ゼミ」といった。古林先生は日本の森林での野生動物や植物との関係を研究されていた先生で、わたしが学びたかった「野生動物」と「森」という両方に関わっている先生であったこともあり、わたしは入学してすぐの一年生の四月には、この「古林ゼミ」に参加することにした。

古林ゼミの活動の中に、古林先生の研究室の先輩《せんぱい》の方々が調査をおこなっていた、神奈川県丹《たん》沢《ざわ》山地におけるシカや森の調査の手伝いに行くという活動があった。これは、これまで関わったことのない野生動物の研究の世界を垣間《かいま》見られることから、わたしがもっとも楽しみにしていた。そして、何よりも行き帰りの車の中や、山の中で森を見ながら古林先生から伺《うかが》う日本の野生動物の現状や、どういった問題があるのかといったお話は、大学の授業や本などからでは得ることができないことばかりで、調査のたびに多くの刺激《しげき》を得た。その後、わたしも三年生になり、研究室を選ぶ時期となった。じつは、古林先生のほかにも野生動物をあつかっている先生は何名かいらっしゃったのだが、やはり森の研究もしたかったし、これまでのさまざまな活動を通して、もっとも自分の興味に近い研究をされていた古林先生の研究室に入ることにした。

しかし、研究室に入ったからといってすぐに自分の調査や研究を始められるわけではなかった。それは、わたしに、この動物の研究をどうしてもしたいとか、この場所で研究がおこないたいといった希望がなかったためである。しかし、ある日、古林先生との世間話のなかで、高校生のときに新聞記事で見た「緑の回廊《かいろう》」に興味があるという話をした際に、先生からクマの研究をしてみてはどうかとの提案をいただいた。なぜ、「緑の回廊《かいろう》」から「クマ」につながるのかというと、「緑の回廊《かいろう》」を設定する際に対象となる動物の一つには、生息密度が低く、行動力のあるクマが想定されていて、「緑の回廊《かいろう》」を理解するためには回廊《かいろう》を利用する動物のことを理解しなくてはいけない、というのが古林先生のお考えであったのだ。

丹沢《たんざわ》山地のブナ林

じつは、古林先生は、主に環境《かんきょう》省や各地の行政機関からの依頼《いらい》で野生動物に関するさまざまな仕事をおこなっている「野生動物保護管理事務所」という民間会社とつながりがあった。当時その会社の社長で、以前からクマの調査をおこなっていた羽澄俊裕《はずみとしひろ》さんから、山梨《やまなし》県の富士山周辺で新たにクマの調査プロジェクトを開始するにあたり、プロジェクトの中でクマの調査をおこなう学生を探しているという依頼《いらい》があったのである。そこに、たまたま現れたのがわたしだったというのが、わたしがクマと関わり始めるきっかけであった。

そして、このプロジェクトは、なんとわたしが高校生のときに読んだ新聞記事にあった富士山周辺に「緑の回廊《かいろう》」を作るために、その地域に生息するクマの生態を明らかにするという調査だったのだ。こうして、数年越《ご》しで、わたしは再び「緑の回廊《かいろう》」と出会い、さらに関わることになった。それまで、わたしはクマを動物園以外で見たこともないし、まさか自分が関わるとも思っていなかったため、クマに対してほとんど具体的なイメージを持っていなかった。しかし、自分がまったく知らない動物を研究対象にするのも面白いと思い、また「緑の回廊《かいろう》」との再会も何かの運命と思い、クマ調査への第一歩を踏《ふ》み出すことになったのだった。

◆世界のクマ

思いもよらぬことから、クマとの付き合いが始まることになったが、ここでかんたんにクマについて説明をしておきたい。

世界には現在、八種類のクマが生息している。そのうち、日本にはツキノワグマとヒグマの二種類のクマが生息している。八種類のうち、もっとも広い範囲《はんい》に生息しているのがヒグマである。北米に生息するヒグマの一部はハイイログマ、あるいはグリズリーともよばれている。ヒグマの特徴《とくちょう》の一つは、さまざまな環境《かんきょう》で生活することができる点である。北海道のような森から、

ヒグマ
ホッキョクグマ
ナマケグマ
アメリカクロクマ
メガネグマ
マレーグマ
ツキノワグマ
ジャイアントパンダ

アラスカやロシアの北極圏《ほっきょくけん》近くの木があまり生えていない環境《かんきょう》、ヒマラヤのような高山、そしてなんと砂漠《さばく》にまで生息している。

続いてもっとも数の多いクマは、北米大陸に生息するアメリカクロクマである。アラスカからメキシコまでの広い範囲《はんい》に生息し、外見はツキノワグマに似ているが、性格はおとなしく、ツキノワグマよりも体つきはひと回り大きい。

さらに、南米大陸には、メガネグマ（アンデスグマ）が生息する。アンデス山脈の標高の高い、雲霧林《うんむりん》と呼ばれる湿度《しつど》が高い常緑樹林に生息する。メガネグマの特徴《とくちょう》は、顔の模様である。めがねをかけたような模様が一般的《いっぱんてき》であることから、この名前の由来となっている。しかし、中には顔の半分しか模様のない個体やまったく模様がない個体も存在し、個体ごとに模様が異なる。

もっとも有名なクマはホッキョクグマだろう（シロクマとよばれることもあるが、正しくはホッキョクグマ）。ホッキョクグマは北極海を中心とした地域に生息し、一年の大半を海の上に浮《う》かんだ氷の上ですごすことから、海の動物としてあつかわれることも多い。主な食べ物はアザラシで、息継《いきつ》ぎのために水面に顔を出すアザラシを氷の上で待ち続け、水面にアザラシが現れたところを、鋭《するど》い爪《つめ》を使って捕《と》らえる。しかし、近年の地球温暖化によって北極海の氷が夏には著しく減少し、ホッキョクグマがアザラシを捕《と》らえることがむずかしくなっている。そのため、ホッキョクグマの個体数は世界的に大きく減少しており、このまま温暖化が進むと野生のホッキョクグマは絶滅《ぜつめつ》してしまう可能性が指摘《してき》されている。

残る四種はいずれもアジアにしか生息していないクマである。その一種目は、東南アジアに生息するマレーグマで、クマの仲間の中ではもっとも体が小さい。通常は熱帯の森で、果実や昆虫《こんちゅう》を主に採食している。しかし、森の減少により生活環境《かんきょう》は悪化し、しかも、内臓の一部、胆《たん》のうを漢方薬に使ったり、肉を食用にしたりするための密猟《みつりょう》が多くおこなわれ、その数はどんどん減っている。

二種目は、インドとスリランカを中心に生息するナマケグマである。もさもさした体毛と長い爪《つめ》が特徴《とくちょう》で、それがナマケモノに似ているのでその名がある。主な食べ物はシロアリで、アリ塚を長い爪《つめ》でこわし、中のシロアリを舌を使いながら吸い込む。そのため、上あごの前歯が退化してなくなってしまっているのが特徴《とくちょう》で、インドでは、比較的《ひかくてき》広い範囲《はんい》に生息している。現在でも、伝統的な大道芸、ダンシングベアー（クマ踊《おど》り）に使うために、子グマの密猟《みつりょう》が多くおこなわれている。

三種目はパンダ（正しくはジャイアントパンダ）。パンダは世界でもっとも多くの人に知られ、人気のある動物の一つだと思うが、野生での生息状況《じょうきょう》はきわめて厳しい。中国の四川省《しせんしょう》のごく一部に生息し、その数は二〇〇〇頭ほどと推定され、しかも、それらがいくつもの地域に分かれて生息しているために、個体どうしの交流がむずかしいといった問題がある。

最後の一種が、この本の主役のツキノワグマだ。海外ではアジアクロクマ（Asiatic black bear）とよばれている。西はイランから東は日本、北はロシア、南はマレー半島までと、アジアの広い範囲《はんい》に生息しているが、その数はどんどん減ってきている。たとえば、日本の隣国《りんごく》、韓国《かんこく》にも、もともとツキノワグマは多く生息していた。しかし、密猟《みつりょう》の影響《えいきょう》により一九九〇年代には野生個体はほぼ絶滅《ぜつめつ》に近い状態になってしまった。そのため、韓国《かんこく》のクマと遺伝的にほぼ同じと考えられる北朝鮮《きたちょうせん》やロシアのクマが再導入され、その結果、今では韓国《かんこく》の南部の智異山《チリさん》を中心に五〇頭前後のツキノワグマが生息している。韓国《かんこく》の最上級の保護動物としてあつかわれていて、まるで「新潟県《にいがたけん》の鳥」のトキのような存在になっている。

このように、世界中に生息する八種のクマのうち、アメリカクロクマを除く七種はいずれも生息地の消失や密猟《みつりょう》などにより、その生息状況《じょうきょう》は非常に厳しいのが現状である。

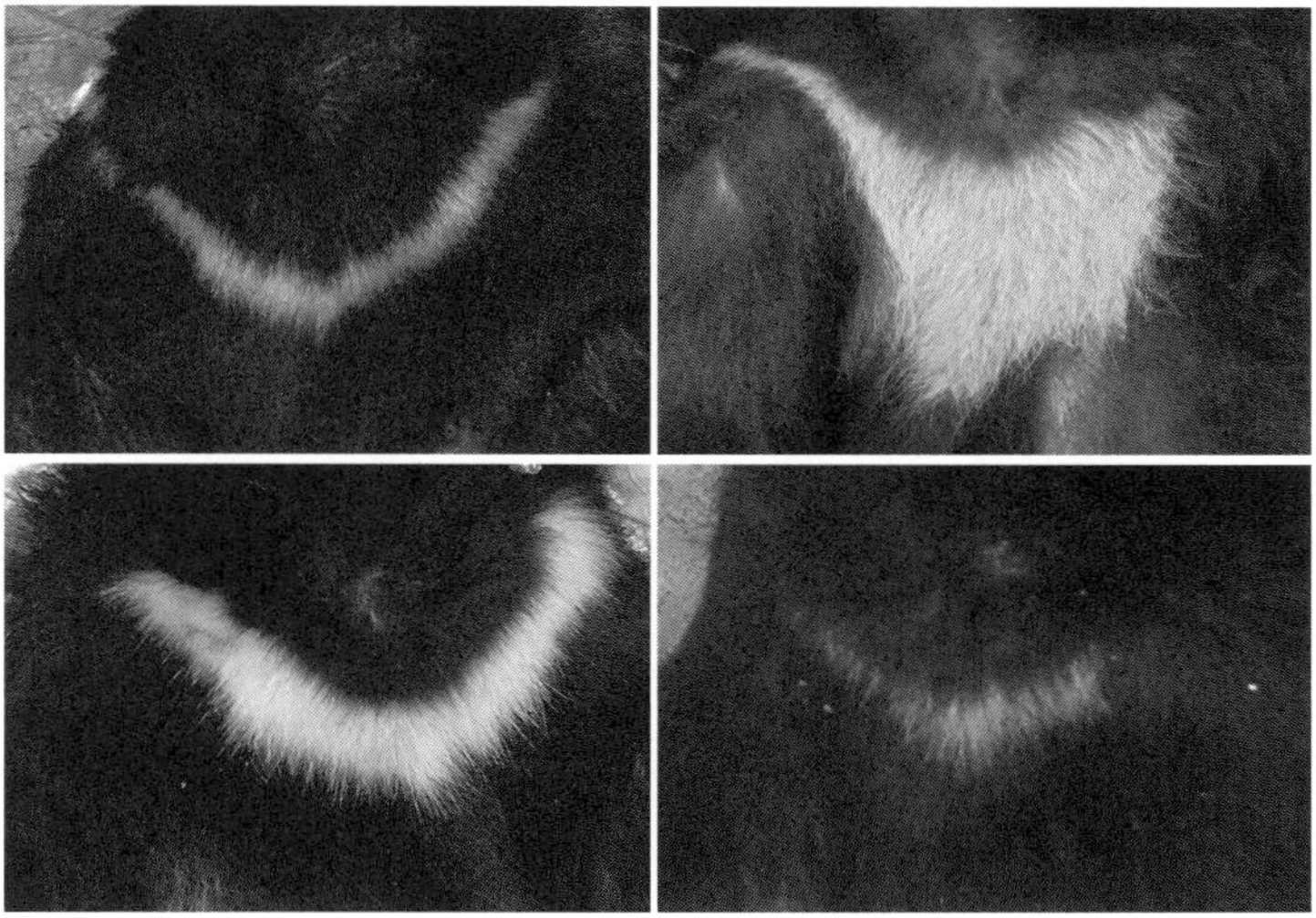

ツキノワグマの胸の模様

◆ツキノワグマという動物

本書の主役であるツキノワグマについて、もう少しくわしく紹介《しょうかい》しよう。

ツキノワグマは森を主な生息場所とする動物で、体重は、大人のオスで六〇〜一〇〇キログラム、大人のメスで四〇〜六〇キログラム。そして、これらのクマが立ち上がると、一〜一・五メートル、イメージとしては、丸々と太った足の短い大型犬を思いうかべるといいかもしれない。

外見の特徴《とくちょう》は、その名前の由来にもなっている、胸の部分にある三日月状の白い毛である。「月の輪」に見えることから、ツキノワグマという名がついたとされているが、中には、この模様が右半分しかなかったり、やけに太かったり、または白い毛がなく真っ黒な個体もいる。じつは、この模様は個体によって異なっていて、この模様のちがいを使って、個体識別をしようという取り組みもある。

手足の先には鋭《するど》い爪《つめ》がある。クマは、この爪《つめ》を使って、じつに器用に木に登りおりすることができ、木に登って枝先についた果実や葉をじょうずに食べることができる。また、手足の肉球は大きく、森の中の崖《がけ》やけわしい岩場を歩くのにも適している。

ツキノワグマの一年間の生活を紹介《しょうかい》しよう。

クマは三月から五月にかけて、長い冬眠《とうみん》から覚めて活動を始める。冬眠《とうみん》を終える時期は、若いオスがもっとも早く、子連れのメスが最後に冬眠《とうみん》を終えることが多い。冬眠《とうみん》を終えた直後のクマは寝《ね》たり起きたりを繰《く》り返して、まだそれほど活発には活動をしない。しかし、五月ごろになり、山の木々が芽吹《めぶ》きはじめると、クマはしだいに活発に活動するようになり、六月あたりからは繁殖期《はんしょくき》を迎《むか》える。このころになると、オスは繁殖《はんしょく》相手のメスを探して、さらに活発に活動する。中には、メスをめぐってけんかをするオスも多く、この時期はけがをしているオスが多い。

そして、繁殖期《はんしょくき》は八月ぐらいまで続く。

秋が近づき、山の木々が実りの時期をむかえると、クマの食欲はピークをむかえる。それは、冬眠《とうみん》中のクマは「飲まず・食わず」ですごすため、その間の栄養を秋のあいだに蓄《たくわ》えなくてはならないからだ。そのため、秋になるとクマの活動はいちだんと活発になり、毎日ひたすら食べ物を探しては、食べ蓄《たくわ》えるようになる。さらに季節が進み十一月を過ぎると、冬眠《とうみん》を始める個体も現れる。冬眠《とうみん》する場所は大きな木の樹洞《じゅどう》や根の下の空間、崖《がけ》の中の穴などさまざまな空間を選ぶ。さらに、メスは冬眠《とうみん》中に一～二頭の子どもを出産する。先ほど、冬眠《とうみん》中のクマは「飲まず・食わず」ですごすと説明したが、メスはその上、出産と育児という大仕事をやってのけるのだ。

クマはこのような生活を数ヘクタールから数百ヘクタールの森の中で、単独ですごしている。しかし、母グマだけは例外で、子どもを産んでから一年半程度は子グマといっしょにすごす。その間に、生きていくために必要な知識を子どもに教えているといわれる。クマの目撃《もくげき》情報で、複数のクマを見たという場合には、ほぼ親子のクマであると思っていい。

よく、野生動物は一般《いっぱん》に夜行性だと思われているが、クマは異なる。クマはふだんは昼行性、つまりわたしたち人間と同じように朝に目覚め、昼間に活動をし、日暮れとともに眠《ねむ》るという生活を送っている。ただ、実際は、クマは暑さが苦手なので、夏の昼間は木の上などの涼《すず》しいとこ

木の上で休むツキノワグマ

ろで寝《ね》ていて、あまり活動しないことが多い。

しかし、秋になるとクマの生活リズムは変わり、夜も活発に動き回り、一日中食べ物を探し回るようになる。それほど、秋のクマは食を求めているのである。また、クマが人間の住んでいる集落周辺に近づくときも、夜行性になることが多い。これは、クマは本来非常に臆病《おくびょう》な動物であり、できれば人とは出会いたくないため、人の活動がそれほどない夜間に人里周辺を訪れているのだと考えられている。

◆初めてのクマ調査

クマ調査プロジェクトが本格的に始まったのは、わたしが大学三年生の夏であった。このプロジェクトでは、富士山周辺に生息するクマの行動を追跡《ついせき》し、どの山とどの山の間をクマは移動しているのか、または移動していないのかを明らかにして、クマが生活しやすくなる「緑の回廊《かいろう》」の設置場所を提案するものであった。また、「緑の回廊《かいろう》」の構造を考えるために、この地域にすんでいるクマはどのような食生活を送っているのかといった情報も必要になる。そのため、わたしの卒業研究のテーマは、古林先生と羽澄さんとも相談した結果、この地域のクマがどのような食べ物を食べているのか、専門的には「食性」を明らかにすることが研究課題となった。

野生動物の食べ物を調べる方法はいくつかあるが、古くから用いられる方法は次の二つである。一つ目は調査者が直接、動物が何かを食べている現場を観察するという、もっともシンプルな方法である。この方法では、実際に食べているメニューだけでなく、食べる量もわかるというすばらしい方法だ。ところが、残念ながらクマではこの方法がほとんど使えない。それは、クマは見通しの悪い森の中で生活していて、さらに警戒心《けいかいしん》がとても強いので、人間がクマに近づくことができないからだ。

そこで今回採用したのは二つ目の方法、これまで多くの研究者がおこなってきた、糞分析法《ふんぶんせきほう》といわれる方法だ。これは、文字通り糞《ふん》の中身から、動物が食べたメニューを復元しようというものだ。ただ、欠点もあって、糞《ふん》として排泄《はいせつ》されるのは、どうしても消化の悪いものが多い。そのため、糞《ふん》の内容物からは、実際に食べた物すべてを必ずしも正しく評価できないことだ。しかし、クマの場合ではこの糞《ふん》の中身を分析《ぶんせき》する方法が、その当時、クマの食生活に迫《せま》る唯一《ゆいいつ》の方法であった。

このプロジェクトでは、主に二つの調査が同時に進行していた。一つはわたしがおこなっていたクマの食べ物の調査、もう一つはクマの行動を追跡《ついせき》する調査である。クマの食べ物調査はわたし一人でおこない、行動調査は羽澄さんの会社の社員の方々がおこなっていた。ただ、わたしは三年生の夏休みまでは大学の授業もあったため、時間のあるときに大学のある東京と、調査の拠《きょ》点《てん》のあった河口湖との間を高速バスで行き来しながら、自分の調査の準備を進めたり、行動調査の手伝いをしたりしていた。

クマの行動調査はクマを捕獲《ほかく》するためのトラップ（＝わな）を山の中に設置することから始まった（詳細《しょうさい》は、後述）。わたしは、右も左もわからない状態であったが、時間さえあえばとりあえず社員の方々についていき、さまざまな作業に参加した。そして、六月のある日、ついにクマの捕獲《ほかく》に立ち会うことができた。生まれて初めて見る野生のクマは動物園のクマとはちがい、

研究拠点となった河口湖畔《こはん》の借家

これまで見たことのない色艶《いろつや》であった。黒色といえば黒色なのだが、言葉で言い表せないような光り輝《かがや》いた黒であった。このとき、改めて自分はクマの研究に関わるのだということを強く認識したことを、いまでもよく覚えている。

◆糞《ふん》を採集する日々

わたしの本格的なクマ調査は、三年生の夏から始まった。プロジェクトでは山梨《やまなし》県の河口湖の湖畔《こはん》に家を一軒《いっけん》借りていたので、夏休みの間はそこに寝泊《ねとま》りしながら調査をおこなうことができた。実際に調査をおこなう場所は、河口湖の北側、黒岳《くろだけ》などの山々がつらなる御坂《みさか》山地だ。調査に出かけるときは羽澄さんの会社が調査用に現地に用意してくれた軽トラックに乗って山のふもとまで行き、そこからは道のない森を分け入るしかなかった。それは、御坂《みさか》山地に登山道はほとんどなく、けもの道があるだけだったからだ。なぜ、そのような山を調査地にしたかというと、同時におこなっていたクマの行動調査から、そこに多くのクマが行動していることがわかっていたので、当然多くのクマの糞《ふん》が拾えるのではないかと考えたからだ。

通常、調査はわたし一人でおこなうことが多かった。クマがすんでいる山の、道なきところに一人で分け入るのは危険なことだと思うかもしれないが、当時はそれほど怖《こわ》いという認識がなかった。なぜだかよくはわからないが、あまりクマのことを知らなかったことにくわえて、クマがすんでいる山に自分がいるという楽しい気持ちのほうが勝っていたのかもしれない。ただ、クマよけの鈴《すず》とクマ撃退《げきたい》用のスプレーは常に携帯《けいたい》することは忘れないようにしていた。ちなみに、クマは鈴《すず》の音が嫌《きら》いなわけではない。鈴《すず》の効果は、鈴《すず》の音で、遠くにいるクマに人間が来たことを知らせて、人間がクマに気づく前にクマがその場を離《はな》れることを期待してのものだ。また、クマ撃退《げきたい》用のスプレーは、クマが目の前にせまったとき、唐辛子《とうがらし》の辛《から》い成分を凝縮《ぎょうしゅく》させたものをクマの顔めがけて噴射《ふんしゃ》してクマを撃退《げきたい》するためのもの、いわば最後の手段として使うものである。

クマの糞《ふん》と、クマ撃退《げきたい》用のスプレー

山に分け入っておこなうことはただ一つ、クマの糞《ふん》を見つけて持ち帰るという作業だけだ。わたしは、それまでクマの糞《ふん》というものを見たことがなかったので、クマ調査の経験者たちにクマの糞《ふん》はどのようなものか、ほかの動物とまちがえることはないのか?と聞いてみた。すると、ほとんどの人から「大きいし、見まちがえることはない」という答えが返ってくるだけだった。そのようなわけで、わたしはあまり情報がないまま、糞《ふん》拾い調査を始めたのだった。

幸運なことに、調査の初日にクマの糞《ふん》を拾うことができ、みんなの言っていることがようやくわかった。確かに、テンの糞《ふん》やシカの糞《ふん》、タヌキの糞《ふん》とは比べ物にならない大きさである。考えてみれば、体も大きいので糞《ふん》も大きいのは当然だ。あえて言えば、見まちがえるとしたら人間の糞《ふん》ぐらいだろう。形状も、人間のウンチと似たようなものであった。そして、何よりも他の動物の糞《ふん》とちがうのは、ほぼ無臭《むしゅう》なことだ。なので、大きさと匂《にお》いをかげば、クマの糞《ふん》かどうかの区別はできそうだった。初めてクマの糞《ふん》を見つけたときは、ようやく、これで自分の研究が始まると思い、糞《ふん》がなぜか宝物に思えたのを覚えている。

しかし、その後は糞《ふん》がなかなか拾えなかった。朝から夕方まで山を歩いて一個拾えたらラッキーという程度。夏場なので糞《ふん》の分解も特に早く、草がおいしげっていることもあってなかなか糞《ふん》は見つからなかった。夏場などは、糞《ふん》を探し回り、一日じゅう山を歩いて宿舎に帰ってくると、数キロも体重が落ちているような状況《じょうきょう》であった。糞《ふん》が拾えないということは、卒業論文が書けない（＝卒業できない）ということだ。そこで、まずは徹底的《てっていてき》に山地を歩き回り、クマがすむ山の様子を、クマの目線で自分なりに把握《はあく》することにした。つまり、どこにどんな果実がなる木があるのか、どこにクマの痕跡《こんせき》が多くみられるかといった情報を収集することから始めたのだ。そしてそれらの情報を、どんどん地図に書きこみ、自分オリジナルの地図をつくり始めた。

地形図といわれる等高線などだけが書かれた地図に、その日その日に山で見たことや感じたこ

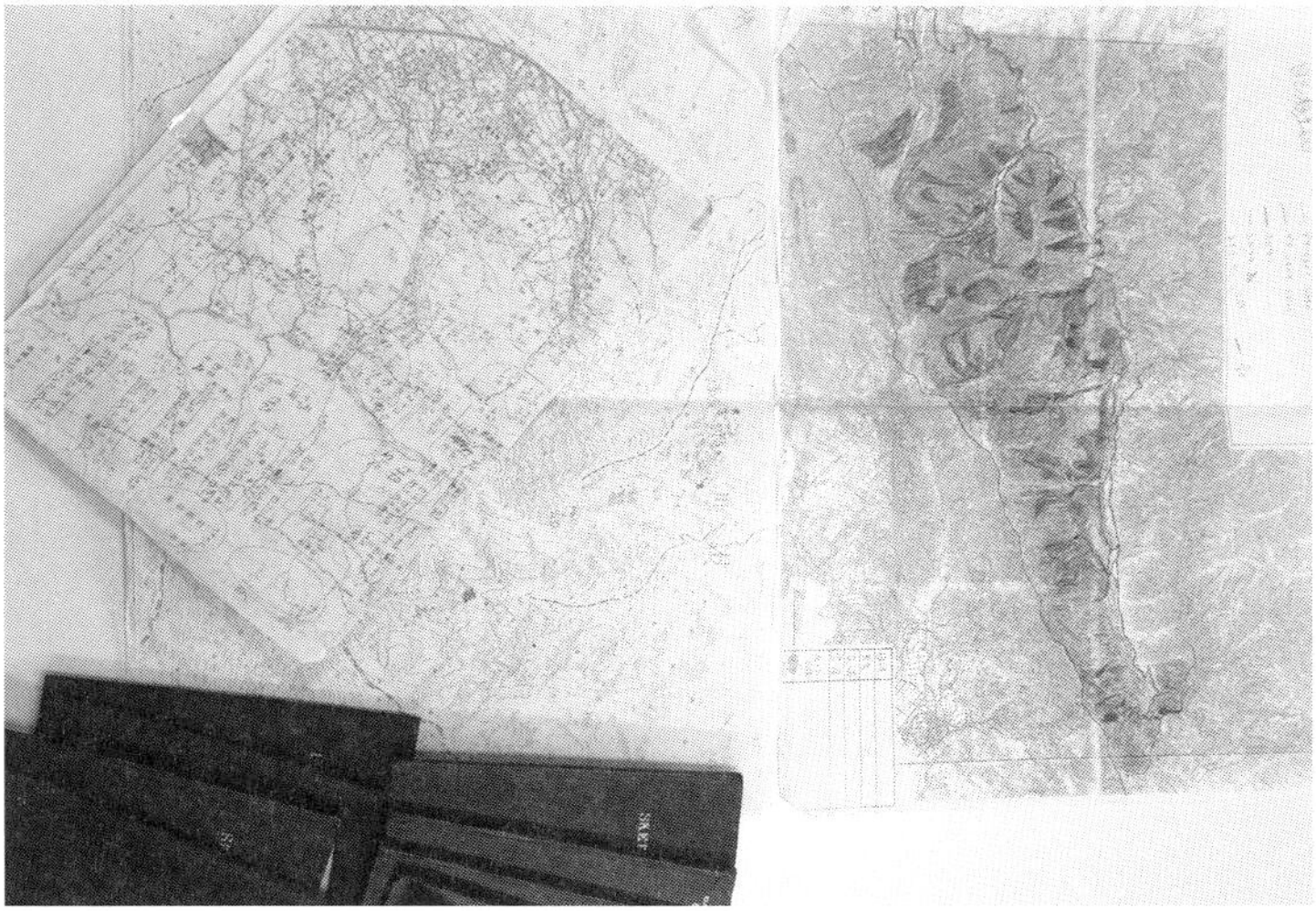

自分オリジナルの地図と手帳

となどをどんどん書きこんでいった。そして、夏休みのあいだに、自分の調査地をすべて歩きまわることにした。毎日、朝から夕方まで山をひたすら歩き、たまには沢《さわ》に登ったりしながら、森を一箇所《かしょ》一箇所と制覇《せいは》していくような感じで、苦労はあったがわたしにとって楽しい日々であった。そして、夏休みを終えるころには、自分なりの自分の調査地の地図もでき上がり、なんとなくではあるが調査地である森の様子が見えてきた。もちろん、調査の途中《とちゅう》で、運よく糞《ふん》を見つけることもあり、このあたりにはクマの糞《ふん》がありそうだということも少しずつわかってきた。

クマの糞《ふん》が落ちていることが多い場所という

のは、言葉では表しにくいのだが、どちらかというと平らのところに多く、見晴らしがいいところにも多いような感じがした。クマも、ふんばりやすく、景色のいいところで糞《ふん》をするのが好きなのかもしれない。

◆糞《ふん》を分析《ぶんせき》して見えてきたクマの食生活

山で採集したクマの糞《ふん》は、その場では分析《ぶんせき》ができないので、ビニール袋《ぶくろ》に入れて研究室まで持ち帰り、いったん冷凍庫《れいとうこ》の中で凍《こお》らせて保管する。そのため、山に行くときには、リュックの中にチャック付きビニール袋《ぶくろ》をたくさん入れておき、糞《ふん》を見つけた際にはビニール袋《ぶくろ》を裏返しにして袋越《ふくろご》しに糞《ふん》をつかむように糞《ふん》を拾い、表に返すとちょうど袋《ふくろ》の中に糞《ふん》が入る。この時に、気をつけなくてはいけない点が二つある。

一つ目は、糞《ふん》といっしょに、そのあたりに落ちている果実などを拾わないことである。いっしょに拾ってしまうと、後で分析《ぶんせき》するときに、その果実がたまたま落ちていたものなのか、クマが食べたものなのかがわからなくなってしまうからだ。もう一つは、糞《ふん》の中には糞虫《ふんちゅう》と呼ばれる、糞《ふん》を食べる虫が入っていることがあり、その糞虫《ふんちゅう》を糞《ふん》の中からつまみ出しておかないといけ

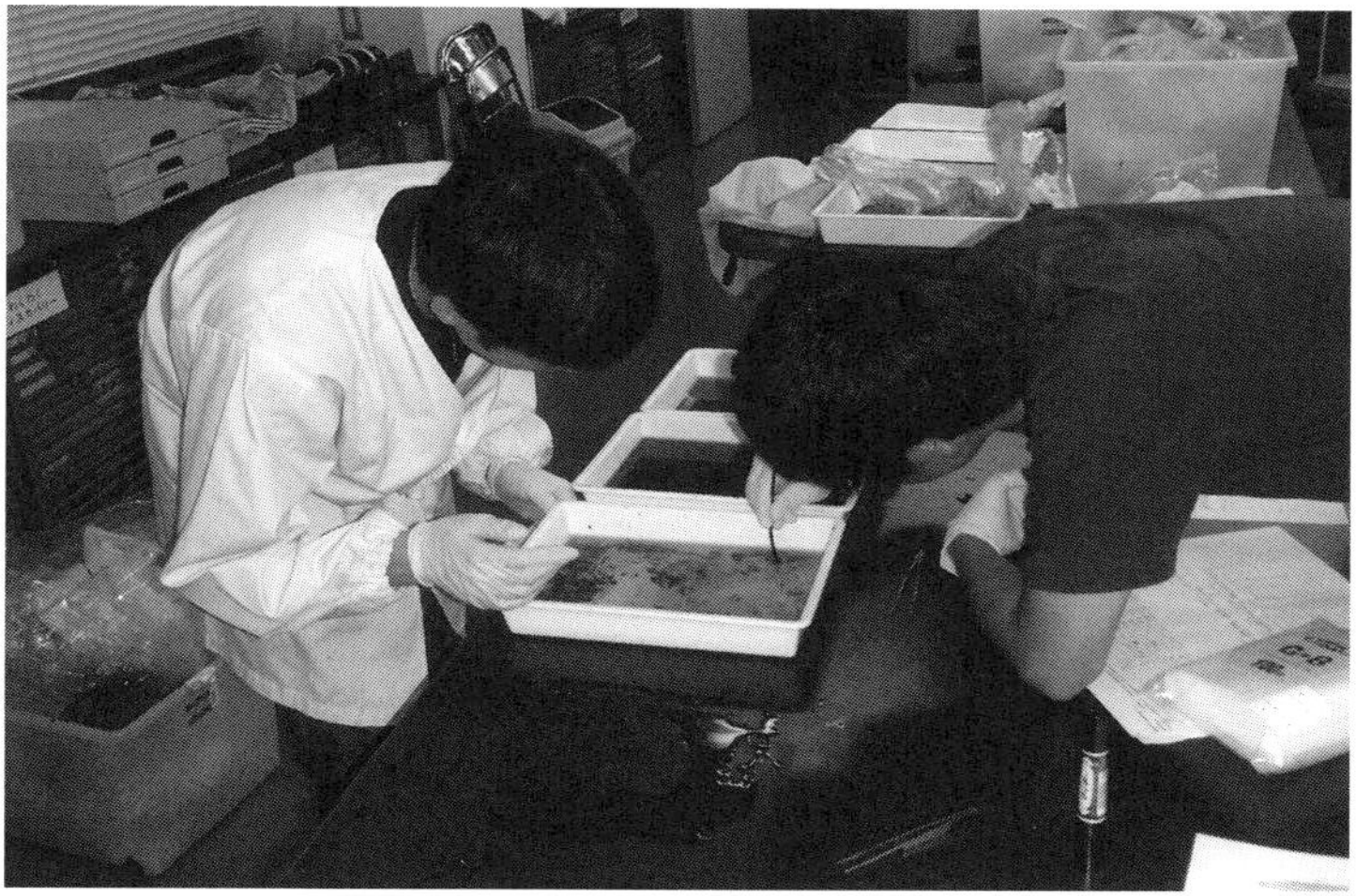

糞《ふん》を分析する学生

ないことである。もし、糞虫《ふんちゅう》が入ったままの糞《ふん》をビニール袋《ぶくろ》に入れると、持ち帰る途中《とちゅう》で糞虫《ふんちゅう》がビニール袋《ぶくろ》を食い破って出てきてしまうことがあるからだ。糞虫《ふんちゅう》が出てくるだけならそれほど問題はないが、糞虫《ふんちゅう》が開けた穴から糞《ふん》が袋《ふくろ》の外に出てしまい、リュックの中が糞《ふん》だらけになってしまったら目も当てられない。そのため、山でクマの糞《ふん》を発見した時には、喜びをおさえ、冷静に糞《ふん》を採集し、糞《ふん》についている葉や糞虫《ふんちゅう》をていねいに取り除いてから持ち帰るのが大事なのだ。

一方、研究室の冷凍庫《れいとうこ》の糞《ふん》がたまってくると、それらを解凍《かいとう》して、分析《ぶんせき》をおこなうことになる。糞《ふん》の分析《ぶんせき》の方法にはいくつかあるが、わたしたちは糞《ふん》をふるい（ケーキを作るときに粉をふるう道具の目の粗《あら》いもの）の上に糞《ふん》を置き、その上から水道水で糞《ふん》を洗い流す方法でおこなった。そうすることで、糞《ふん》の中に含《ふく》まれる物がふるいの上に残るので、それらを改めてプラスチックのバットの上に広げて、どんなものが、どの程度含《ふく》まれているのかを数える。はじめのうちは、なかなか作業に慣れず、一つの糞《ふん》の分析《ぶんせき》に一時間ほどかかっていたが、慣れてくると十五分ぐらいで分《ぶん》析《せき》することができるようになった。

分析《ぶんせき》でもっともむずかしいのは、糞《ふん》から出てきたものが何であるかを特定する作業だ。糞《ふん》の中からは、植物のタネや、木の葉の断片、昆虫《こんちゅう》の脚《あし》などさまざまなものが出てくる。タネなどは、あらかじめ森で採取しておいたタネと見比べたりすることで、種類を特定することはできるのだが、ぼろぼろになった葉や虫の一部などは、初めのうちはまったくわからなかった。そのため、とりあえず保管しておき、後日それぞれの専門家に聞きにいくことをくり返して、糞《ふん》から出てきた物を一つ一つ特定していった。しかし、この作業もだんだん慣れてきて、ちょっとした破片からでも、クマの食べた物がわかるようになった。

一九九九年の夏から始めたクマの糞《ふん》拾いであるが、プロジェクトが終わる二〇〇一年までの三年間で約四百個もの糞《ふん》を採集することができた。さらに、それらの糞《ふん》を一つ一つ分析《ぶんせき》したとこ

クマが食べたあとのミズナラのドングリの殻《から》

ろ、この地域でのクマの食生活がなんとなく見えてきた。それらをかんたんに紹介《しょうかい》しよう。

冬眠《とうみん》を終えた直後のクマは、森の中に残っている前の年に結実したブナ科の果実、つまり、ブナやミズナラのドングリを多く食べているようであった。しかし、山の木々の芽吹《めぶ》きがはじまると、クマは芽吹《めぶ》いた直後のやわらかい若葉や新芽、花、草本《そうほん》やいわゆる人間がよく口にする山菜などを頻繁《ひんぱん》に食べるようになった。

そして、六月あたりになるとクマの主食は、野生のサクラ類やキイチゴ類の果実になったほか、アリやハチなどの昆虫《こんちゅう》も食べるようになった。はじめは、糞《ふん》の中からアリやハチが大量に出てきたときは、なぜクマがこのような小さい虫を食べているのか不思議だった。しかし、いろいろな文献《ぶんけん》を調べると、これらの虫は社会性昆虫《こんちゅう》類と呼ばれ、巣を作り多くの個体がまとまって生活しているので、クマにとっては一箇所《かしょ》でたくさん食べられる、効率のいい食べ物であることがわかった。

さらに、九月ごろになると、クマの糞《ふん》からはさまざまな果実やタネ、果実の破片が現れるようになった。なかでも、ドングリを食べる量がもっとも多く、これらが主食であった。ただ、ドングリ以外にもミズキ、ヤマブドウ、サルナシといったさまざまな果実類のタネもよく糞《ふん》の中からは出てきて、一年のなかでもっともメニューが豊富な時期でもあった。

このように、約四百個の糞《ふん》から見えてきたのは、季節によって食べるものを次々と変えて、その時々のさまざまな森の恵《めぐ》みを利用しているクマの食生活だった。しかも、意外なことに、食べ物の九〇％以上は植物だった。クマといえば、アイヌの木彫《きぼ》りのクマがサケをくわえているように、肉食のイメージが強いが、日本のツキノワグマの場合は、食生活はほぼ植物食といっていい。

ただ、まれではあるが糞《ふん》の中からは動物の毛や骨も出てくることもあったことから、動物の死体を見つけるような機会があれば、クマはそれらの動物の肉も食べているようであった。じつは、クマはライオンやトラと同じ食肉目と呼ばれる仲間であるように、もともとは肉食の動物であったと考えられている。だから今でも、クマは植物よりも動物のほうをよく消化しやすい内臓を持っている。植物の葉や果実よりも動物の肉のほうが栄養価が高いので、できることならクマは動物質の食べ物を食べたいであろう。しかし、日本の山の中には、動物質の食べ物はあまり存在しないし、クマはトラやチーターなどとちがい、それほど狩《か》りに適した体つきをしているわけではない。そのため、わざわざ労力を割いてまで動物質の食べ物を森の中で探すよりは、栄養価は低いけれど、森の中にたくさんあり、動かないためかんたんに手に入る植物質の食べ物をたくさん食べるという食生活を送っているのだろう。

このように、はじめはクマのこともよくわからず、ただひたすら森の中を歩きまわり、糞《ふん》を探すことから始まったクマ調査であったが、四百個の糞《ふん》を通して少しずつ野生のクマのことを知り、またクマに近づけたのではないかと思う。ちなみにわたしは調査中に、捕獲《ほかく》されたクマ以外に近づけたことはない。野生のクマとのもっとも近い出会いは、糞《ふん》拾いをしながら山を歩いているときに、前方の藪《やぶ》からガサガサッと音がしたので目を向けると、逃《に》げていくクマのお尻《しり》がチラッと見えたことがあるだけだ。おそらく、わたしが気づく前にクマはみんな逃《に》げてしまっていたのだと思うが、結果的には事故もなく、危険な目にも遭《あ》わずに済んだのはよかったといえる。ただ、クマの研究をしているのに、森の中で活動しているクマに間近で出会ったことがほとんどないというのも、少しさびしい気もする。

大学三年生から始め、大学院二年生までの計四年間にわたる山梨《やまなし》でのクマ調査であったが、プロジェクトの終了とともに終わりをむかえた（プロジェクト終了《しゅうりょう》後も一年間は頻繁《ひんぱん》に山には通っていた）。そして、わたし自身も大学院の修士課程の二年間（大学院は前半の二年間の修士課程と後半の三年間の博士課程からなる）を終えようとしたとき、さらに博士課程に進学して、ほかの場所でクマの研究を続ける進路と、就職をする進路の間で、迷っていた。ただ、そのまま進学をするよりは、いったん社会に出てみたいという気持ちも強く、結局わたしは就職という進路を選び、クマと隣《となり》り合った生活を終えることとした。ただ、就職してからも、東京の奥多摩《おくたま》でクマの調査をしていた茨城《いばらき》県自然博物館（当時）の山﨑晃司《やまざきこうじ》さんのクマ調査をボランティアで手伝ったりしていて、完全にはクマがいない生活ではなかった。

第二章

足尾《あしお》の山でのクマ研究

◆新たなプロジェクト、新たな調査地、足尾《あしお》の山

初めてクマと出会った山梨《やまなし》でのクマ研究を四年間おこなった後に、わたしは民間企業《きぎょう》に就職した。しかし、そこでの仕事の内容は、クマとは関係のない虫や鳥などの野外調査が主で、少し物足りなさを感じていた。何よりも、それまでの奥山《おくやま》を駆《か》け巡《めぐ》り、藪《やぶ》をかき分けて動物の痕跡《こんせき》を探すといった、ふつうの大学生が出会うことのないような経験を生かしきれていない点に、心残りがあった。

就職して二年目の二〇〇四年のある日、奥多摩《おくたま》のクマ調査でお世話になっていた茨城《いばらき》県自然博物館の山﨑晃司さんから新しいクマのプロジェクトが始まるという話を知らされた。そのプロジェクトとは、「秋に大量のクマが人里に出没《しゅつぼつ》すること」の要因を解明するというものであった。その背景として、二〇〇〇年以降、日本各地で、秋になるとクマが人里に出没《しゅつぼつ》し、そのたびに人身事故が発生するといった現象が頻発《ひんぱつ》するようになっていた。二〇〇四年には北陸・中国地方で、二〇〇六年には東日本全体で、二〇一〇年には中国地方から関東地方にかけてと、数年に一回の頻度《ひんど》で、日本のどこかでクマが大量に人里に出没《しゅつぼつ》し、そのたびに多くのクマが駆除《くじょ》、つま

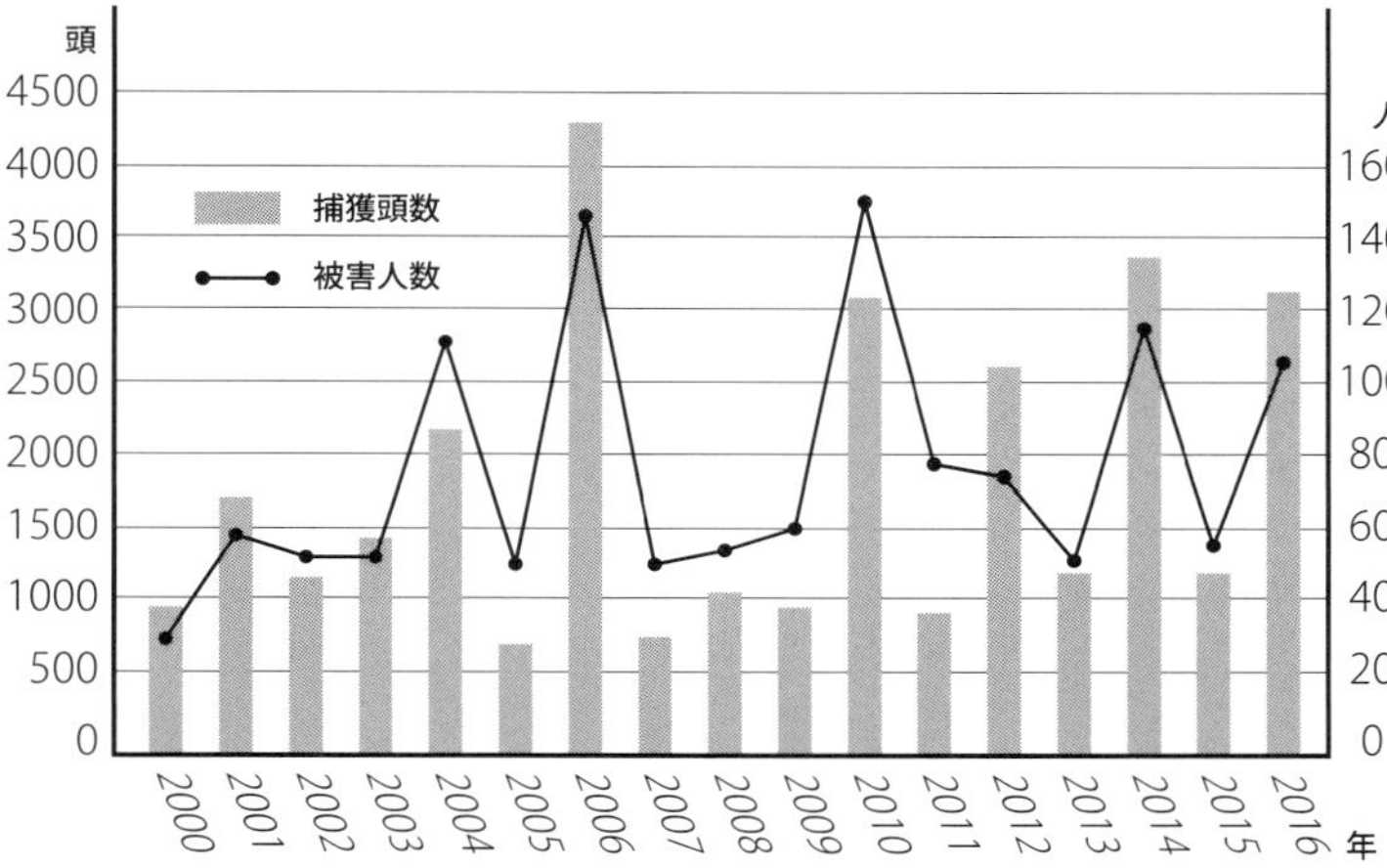

クマの捕獲《ほかく》数と人身被害《ひがい》数のグラフ

り、わなでつかまえられたうえで、銃《じゅう》によって射殺されていた。

しかし、その当時から、なぜクマが秋になると大量に人里に出没《しゅつぼつ》するのかという明確な理由はわかっていなかったのだ。秋のドングリの凶作《きょうさく》がその原因だろうということは、多くの人が感じてはいたのだが、はっきりしたメカニズムが不明だったのだ。そのころ、わたしは会社をやめて、再びクマの研究をするために大学にもどろうと考えていた矢先だったので、まよわずそのプロジェクトに参加することにした。

新たなプロジェクトは、わたしのようなクマの生態研究者だけでなく、ドングリをはじめとする植物の研究者や、動物の生理状態などを研究する獣医《じゅうい》学《がく》の研究者、クマが出没《しゅつぼつ》しやすい環境《かんきょう》の解析《かいせき》などをおこなう土地利用の研究者など、さまざまな分野の研究者が集結し、いろいろな観点からクマの大量出没《しゅつぼつ》の原因を科学的に解明しようとしていた。そこで、わたしたちクマの生態研究班に求められたのは、植物の研究者がドングリの「なり」具合を調査をおこなっているのと同じ場所で、できるだけ多くのクマにGPS受信機を装着して、クマがドングリの「なり」具合に応じて、どのように行動をしているのかを明らかにすることであった。GPSとは「全地球測位システム」のことで、何台もの人工衛星からの発信された電波を地球上の受信機でとらえ、その場所を正確に知ることができるシステムだ。カーナビなどでも使われているこのGPSをクマの場所を知るのに使おうというのだ。

しかし、できるだけ多くクマを捕《つか》まえるというのが、なかなか難題であった。わたしや山崎さんがこれまで調査をおこなってきた東京や山梨《やまなし》の調査地では、クマの生息密度がそれほど高くないため、たくさんのクマを同じ場所で捕《つか》まえることはむずかしかった。そこで、わたしたちが新たな調査地として選んだのが栃木《とちぎ》県と群馬県の県境に位置する足尾《あしお》である。わたしと山崎さんは二〇〇三年から別の目的で小規模なクマの調査を足尾《あしお》でおこなっていたのだが、捕獲《ほかく》用のトラップを設置すると、すぐにクマが捕獲《ほかく》できた実績から、おそらくクマの密度は高いのではないかと

足尾《あしお》の町と山並み（セスナ機より）

感じていた。

ここで、調査地の足尾《あしお》についてかんたんに紹《しょう》介《かい》をしておきたい。「足尾《あしお》」と聞いて多くの人が思い浮かべるのは、足尾《あしお》銅山や足尾《あしお》鉱毒事件ではないだろうか。足尾《あしお》は江戸《えど》時代から銅山開発で栄えていた場所であるが、その銅山も一九七〇年代には閉山してしまい、今は以前のにぎわいはなく、ひっそりとした町となっている。

では、現在の足尾《あしお》の山々はどのような様子かというと、ほかの地域の山とは少しちがった姿を見ることができる。具体的には、足尾《あしお》の中心部の山には多くの草原や裸地《らち》が存在するのである。それらは、過去の銅山開発の影響《えいきょう》によるもので、銅山開発のために山からは多くの木が銅山の坑道《こうどう》を支える坑木《こうぼく》として切られ、また度重なる山火事も発生し、さらには鉱毒事件の原因となった銅を生成する過程で発生する二酸化イオウの影響《えいきょう》で山の木の多くが枯《か》れてしまったのである。そして、木が枯《か》れてしまった山は、その土を支える植物の根もなくなり、雨のたびに山の土が川に流れ出し、一九〇〇年ごろからは山全体が岩山のようになってしまったのだ。

しかし、戦後は国の植栽《しょくさい》事業によって、徐々《じょじょ》に山には草や木が回復しはじめ、山の中にはところどころに森林や草地が見られる状態になってきている。ただ、元通りの自然豊かな森林ではなく、人間によって作られた木の種類が少ない森林と草原がモザイク状に混じった姿をしている。そして、クマをはじめシカやカモシカなどさまざまな動物たちは、この山をうまく利用しているようで、いまでは多くの動物が見られる地域になっている。一方、足尾《あしお》の山の中心部を一歩外れると、その周りには自然豊かな、本来の姿の森が広がっている。

ちなみに、わたしと山﨑さんは、この足尾《あしお》ならではの環境《かんきょう》を生かしたクマ調査を二〇〇三年からおこなっていた。その調査とは、クマに装着するＧＰＳ受信機に新たに搭載《とうさい》した活動量センサーとよばれる「そのときクマが動いているのか、止まっているのか」を計測する機械の試験である。活動量センサーは、万歩計のような装置で、動いていれば大きな値が記録されて、止まっていれば小さい値が記録されることで、そのときのクマの状態を推定できる機械である。ただ、はじめて使う機械だったので、実際のクマに装着して、クマがどのような行動をしているときに、どのような値が記録されるかを確認する必要があったのだ。

しかし、前述したように野外でクマを観察することは、ふつうの場所ではできない。そのため、開放的な草地が多く広がる足尾《あしお》で、クマを捕獲《ほかく》し、活動量センサーを搭載《とうさい》したGPS受信機をクマに装着・放獣《ほうじゅう》し、さらにその後にそのクマを観察して、行動を記録することができれば、活動量センサーの値と比較《ひかく》ができると考えたのだ。結果、その企《たくら》みは成功して、何とか一頭のクマの観察をおこなうことができたのだった。

◆クマにとってのドングリ

なぜ、ドングリの「なり」に注目することになったのか。ここでは、ドングリがクマにとっていかに大切な存在なのかを、クマの視点とクマがすむ森の視点から考えてみたい。

まずはクマの視点である。クマは冬眠《とうみん》中、「飲まず・食わず」の状態ですごす。そのため、秋の間に冬眠中の栄養を、脂肪《しぼう》という形で体に蓄《たくわ》えなくてはならないのだが、じつは、その原料となるのが秋の主食のドングリなのだ。では、どの程度の栄養を蓄《たくわ》えなくてはいけないのだろうか。以前におこなわれた動物園のクマを用いた実験を例に、体重を基準に考えてみたい。

この実験では、一年のうちでもっとも体重が少なかった五月に比べて、冬眠《とうみん》する直前の十二月のクマは、約三〇％ほど体重を増加させている。これは飼育環境《かんきょう》という、比較的《ひかくてき》安定的に食べ物が得られる場所での事例なので三〇％程度の体重の増加であったが、定期的に食物を入手することができない厳しい環境《かんきょう》に生活する野生のクマでは、一年のうちでもっとも体重が少ないと考えられる時期と、冬眠《とうみん》の直前とで比較《ひかく》すると五〇％ぐらいの体重を増加させているかもしれない。

しかも、それらを秋の数か月の間だけで獲得《かくとく》するためには、なんとしてもこの数か月の間に、必死で食べ蓄《たくわ》えなくてはならないのだ。さらに、クマは体のメカニズム自体を夏と秋とで変えることも知られている。ツキノワグマに近縁《きんえん》なアメリカクロクマは、夏までは摂取《せっしゅ》した栄養を骨や筋肉の成長に回しているが、秋になると食物の消化能力や脂肪《しぼう》の吸収能力が高まり、栄養を脂肪《しぼう》の蓄積《ちくせき》に回すようになることが知られている。このように、クマは自らの体の仕組みを変えてまでも、秋の間に一気に食べ蓄《たくわ》えようとしているのだ。

では、なぜそれがドングリなのだろうか？　先ほど、クマの食生活を説明したときに、秋には、クマはいろいろな果実を食べることを説明したことから、ドングリ以外のほかの果実を食べて、食べ蓄《たくわ》えてもいいのではないかと思うかもしれない。しかし、ドングリ以上にクマを満足させることができる食物は、クマのすむ森にはないのだ。

ここで、クマがすむ森の視点から見てみたいと思う。まずは、量の点から考えてみたい。クマがすむ森は、一般的《いっぱんてき》には冷温帯の広葉樹林と呼ばれる森である。これらの森は、いずれの場所でも、はじめに説明したようにブナ科の樹木、つまり、ドングリがなる木が多く生育する森林だ。ただ、森にはドングリをつけるブナ科の樹木以外にも、さまざまな種類の樹木が生育している。

おおよそ、日本のクマが主に生息している森では、一ヘクタールに一〇〇本から三〇〇本の樹木が生育している。その中には数種類のドングリを結実させる樹木のほかに、クマが食べるドングリ以外の果実をつける樹木が数十種類は生育していることが多い。しかし、その本数の内訳をみると、五〇から六〇％以上がドングリをつけるブナ科の樹木で、ほかの果実をつける樹木は一種類につき数本にしかすぎないことが多いのだ。つまり、クマがすむ森には、いろいろな種類の果実をつける樹木が生育しているものの、もっとも量が多いのはドングリをつける数種類の樹木なのだ。

では、質の点ではどうなのだろう？　クマは、秋のうちに冬を乗り切るために多くの栄養を脂《し》肪《ぼう》として蓄《たくわ》えることは前に述べた。そのためには秋のうちに、脂肪《しぼう》や、脂肪《しぼう》のもとになる炭水化物を多く含《ふく》んだ食物を食べるのが理想である。そこで、クマが秋に食べる数種類の果実の栄養分《ぶん》析《せき》をおこなったところ、ドングリはほかの果実に比べて、果実一粒《ひとつぶ》のサイズが大きく、さらに含《ふく》まれる炭水化物や脂肪《しぼう》の量も多いことがわかった。

これらの量と質の点から、実際に足尾《あしお》の周辺の森林で、ある年にどの程度の果実が生産されるかを計算してみた。まずは、一ヘクタール当たりに、ドングリを結実させる樹木（ここでは、ミズナラを想定）は一二〇本生育し、同じく夏から秋にクマがよく食べることが知られる果実を結実させるミズキは一〇本、ウワミズザクラは十四本が生育していた。さらに、それらの木に、どの程度の果実が結実するのかを測定したところ、一ヘクタール当たり、ミズナラのドングリは約一二〇万粒《つぶ》（約三トン）、ミズキの果実は約十四万粒《つぶ》（約〇・七トン）、ウワミズザクラの果実は約十五万粒《つぶ》（約一・五トン）で、それぞれの果実一粒《つぶ》あたりの栄養量を掛《か》け合わせると、足尾《あしお》周辺の森では一ヘクタールあたり、ドングリだけで五百万キロカロリー、ミズキで二万五千キロカ

ミズキの果実

ウワミズザクラの果実

ロリー、ウワミズザクラで七千四百キロカロリーもの果実がなることがわかる。このおおよその計算からもわかるように、クマがすむ森では、ドングリがもっとも大量に栄養がとれる食べ物なのだ。

なぜ、クマが秋にドングリを食べ蓄《たくわ》えるのか。それは、ドングリが、クマにとって量的にも質的にも、もっとも入手しやすい、すぐれた食べ物であるからだということがわかっていただけたと思う。

ところで、クマは、どの程度の量のドングリを、秋の間に食べなくてはならないのだろうか。これは、直接はかることがむずかしいため、いろいろな試算が必要になるが、これまでの研究では、成長したクマの場合、一日あたり約一二〇〇粒《つぶ》（三・六キロ）のミズナラのドングリが必要であるという説がある。これは、かなり控《ひか》えめな数値だとも言われているので、実際はもっと多くのドングリを、クマは数か月にわたって食べなくてはならないのかもしれない。あの大きな体のクマが、秋の数か月の間、ひたすら、小さなドングリを毎日何千粒《つぶ》も食べているというのは、想像するのはむずかしいかもしれない。しかし、クマがブナ科の樹木、つまり、ドングリがなる木が多く存在する森を主な生息地としている理由は、こんなところにあるのだ。

◆毎年同じようには存在しないドングリ

クマにとって秋のドングリが冬を生き抜《ぬ》くためには欠かせないことは理解いただけたかと思う。では、ドングリの「なり」とクマが人里に出没《しゅつぼつ》することの関係はどのようになっているのだろうか。

じつは、ドングリを結実させるブナ科の樹木をはじめ、自然に生育している多くの樹木の果実は、毎年同じ量が結実しないのがふつうなのだ。つまり、果実には「豊作の年」と「凶作《きょうさく》の年」

とが存在する。ふだん家庭で食べているミカンやリンゴ、クリなどの果実は、人間が長年にわたって改良を続け、毎年のように果実をつける品種だけが選ばれているため、果樹園では、よほどの悪天候がなければ、毎年同じように実がなる。しかし自然界の樹木の多くは、天候にかかわらず、年によって果実のなり方がちがう。

さらに、ブナ科の樹種の多くにはもう一つ特徴《とくちょう》がある。それは、年ごとに豊作と凶《きょう》作《さく》を繰《く》り広げるリズムを、広い範囲《はんい》の個体どうしで同調させるのだ。つまり、ある地域のミズナラのドングリがいっせいに、今年は豊作であるとか、凶作《きょうさく》であるといった状況《じょうきょう》が発生する。比較的《ひかくてき》研究の進んだブナの事例では、その同調する範囲《はんい》が東北地方全域とか、関東以南の太平洋側というように、とても広い範囲《はんい》で同調がおよぶことが知られている。ほかのドングリでは、もう少し同調する範囲《はんい》は狭《せま》いようだが、いずれにしろ広い範囲《はんい》であることにはちがいはない。

では、なぜドングリは「豊作」と「凶作《きょうさく》」を繰《く》り返すだけでなく、個体どうしで同調するのだろうか？　これには、いくつかの仮説が考えられているが、ドングリを食べるネズミのような存在に対応するためだ、という説がもっとも有力である。これは、もう少しくわしくいうと、つぎのようなことだ。

ドングリは、クマをはじめネズミや鳥などの動物の食べ物であると同時に、植物から見ると大事な子孫である。ドングリが無事にどこかで芽生えて、実生《みしょう》（発芽したばかりの植物）が成長してくれない限り、樹木の子孫が残ったり、広がったりすることはできない。しかし、たとえばある山で毎年同じように一〇〇個のドングリが樹木に結実しているとした場合、その山には一〇〇個のドングリを食べられるだけのネズミが生息することができることになる。するとその場合、毎年一〇〇個のドングリはネズミにすべて食べつくされて、植物は子孫を残せないことになってしまうかもしれない。

そんな状況《じょうきょう》を避《さ》けるために、植物のほうは、ある年は五〇個、次の年は二〇〇個のドングリをつけるようにすることで、ある年は五〇個のドングリを食べられるネズミが生き残り、次の年を迎《むか》えることになる。さらに、次の年は二〇〇個のドングリが存在したとしても、山には五〇個のドングリを食べる分のネズミしかいないため、単純に一五〇個のドングリはネズミに食べられずに残ることができて、それらのドングリは発芽する機会を得られるようになる。つまり、植物が年によってドングリの数を変えることで、ネズミのような捕食者《ほしょくしゃ》の数も変わり、結果的に残ることができるドングリの数を確保するようになったのではないかという説である。ただ、実際の山では、ドングリ以外の食べ物もあるし、ネズミ以外の捕食者《ほしょくしゃ》もいるので、こんな単純な話ではないが、いずれにしろ何らかの要因によってドングリは毎年同じようにならないのだ。

では、ドングリが少ない状況《じょうきょう》になったときに、それを食べるクマはどうするのだろう？　考えられるのは、「その場所でほかの物を食べる」、あるいは「ほかの場所に食べ物をさがしに行く」の二つだろう。おそらく、クマはどちらかを選択《せんたく》していると想定され、後者の場合には、人里に出没《しゅつぼつ》することにつながるのではないか。このようなことから、そのメカニズムを解明するため

山の中、ドラム缶を改造したトラップをかついで運ぶ

に、このプロジェクトが立ち上げられたのだ。

◆クマの行動を追跡《ついせき》する方法

クマの行動を追跡《ついせき》するためには、まずはクマを捕獲《ほかく》しなければならない。じつは、檻《おり》を使ってクマを捕獲《ほかく》すること自体は、それほどむずかしいことではない。誘引《ゆういん》に使う蜂蜜《はちみつ》の誘惑《ゆうわく》が強いためか、クマは、意外と簡単につかまえることができるのだ。ただし、実際に捕獲《ほかく》するまでの道のりは長いので、それを順に紹介《しょうかい》したい。

まず、クマの捕獲《ほかく》をおこなうには、都道府県や市町村に捕獲《ほかく》の許可を取る必要がある。わたしたちの場合は研究が目的なので「学術捕獲《ほかく》」といわれる許可である。許可が取れたら、次に

ドラム缶《かん》をつないでトラップを組み立てる

捕獲《ほかく》をするためのトラップの設置である。よくテレビなどで、格子状の檻《おり》で捕獲《ほかく》されているクマを見るが、あのような檻《おり》でクマを捕獲《ほかく》すると、クマが格子を噛《か》んで歯がぼろぼろになってしまうので、わたしたちは使用しない。わたしたちが研究目的でクマを捕獲《ほかく》する場合には、ドラム缶《かん》を二つつなぎ合わせた形の、鉄工所に特注したトラップを使う。

つぎは山の中のクマが通りそうな場所にトラップを設置することになるが、この場所選びに失敗してしまうと、なかなかクマが捕《つか》まらない。そのため、よく森の中の様子を見きわめて、けもの道などを探しながら、トラップを設置することになる。これが、それぞれの研究者の腕の見せ所である。自分が選んだ場所ですぐにクマが捕《つか》まるとかなりうれしいし、ぜんぜん捕《つか》まらないと気分が落ちこむ。

トラップを設置する場所を決めたら、ばらした状態のトラップをみんなで設置をする。そして、現場でトラップを組み立てて、クマの大好きな蜂蜜《はちみつ》のしぼりかすをトラップの中に仕掛《しか》けて、トラップの設置は終わりである。そしてその後は、定期的にトラップの見回りをおこない、ひたすらクマが捕《つか》まるのを待つことになる。もしトラップにクマが捕《つか》まっていたら、そのあとには、いろいろな作業が待っている。

最初におこなう作業は、クマの体重の推定である。人間の場合だったら、相手を見ただけで、だいたいの体重は予想できる。しかし、クマの場合、これがなかなかむずかしい。時には丸くなっていたり、怒《おこ》って暴れたりしていることもある暗いトラップの中に入っているクマを、ライトを照らしながら小さい穴越《あなご》しに観察して、体重を推定することになる。この作業は、この後、クマに投入する麻酔薬《ますいやく》の量を決めるためにおこなわれる。麻酔薬《ますいやく》というのは、われわれ人間でも同じだが、体重によって適切な量が決まっている。そのため、もし麻酔《ますい》の量が、適切な量よりも多いとクマに害があるし、少ないとなかなか麻酔《ますい》が効かなかったり、麻酔《ますい》が効いてもすぐに覚め

クマがトラップにかかると、吹《ふ》き矢で麻酔《ますい》を打ち込《こ》む

てしまったりする。クマの体重の推定が終わったら、その体重に基づいて麻酔量《ますいりょう》を決めて、吹《ふ》き矢を使って麻酔《ますい》を投入する。

トラップの中にいるクマめがけて麻酔《ますい》の入った注射筒《ちゅうしゃとう》を吹《ふ》き矢で撃《う》つのだが、クマの体のどの場所に麻酔《ますい》を打ち込《こ》んでもいい訳ではなく、肩《かた》や尻《しり》など、皮膚《ひふ》のすぐ下に筋肉がある部位をねらう。そして無事に、うまく麻酔《ますい》が効き始めれば、10分ほどでクマは眠《ねむ》りに落ちるので、トラップから出して次の作業に移る。

わたしたちがふだん使用する麻酔《ますい》は、一時間ほど効いているので、その間に様々な作業をおこなうことになる。最初におこなう作業は、体重測定である。先ほど推定した体重が正しいかどうかの確認をおこない、もし体重を少なめに推定していた場合には、追加の麻酔薬《ますいやく》をクマに注射することになる。その後、体の様々な部位の計測（身体測定）をおこなう。また、人間の体脂肪《たいしぼう》計と同じ原理で、体に弱い電気を流してクマの体脂肪率《たいしぼうりつ》も測定する。さらに、前臼歯《ぜんきゅうし》と呼ばれる、クマが日常の生活ではあまり使わない歯を一本抜《ぬ》く。これは、歯の根元の部分を、特殊《とくしゅ》な処理をして顕微鏡《けんびきょう》で観察すると、クマの年齢《ねんれい》がわかるからだ。さらに、体毛と血液を採取する。じつは、体毛でクマの食べ物がある程度推定することができるのだ（詳細《しょうさい》は次章）。また、血液からはその個体の遺伝子情報のほか、栄養に関する情報や繁殖《はんしょく》の有無などの情報も得ることができる。

捕《つか》まえられ、怖《こわ》い目にあわされ、眠《ねむ》らされ、いろいろ採取されるのは、クマにとってはたいそう迷惑《めいわく》だとは思うが、これらのサンプルからは、ふつうに観察しているだけでは得られない様々な情報が得られるのだ。そして、最後にクマに個体識別をするためのマイクロチップを耳の後ろの皮膚《ひふ》の下に挿入《そうにゅう》し、追跡《ついせき》調査用の首輪型のGPS受信機を装着し、作業は終了《しゅうりょう》である。これらの作業をクマが眠《ねむ》っている約一時間でおこなうためには、作業に慣れた人々によるきわめて高度なチームプレイが要求される。

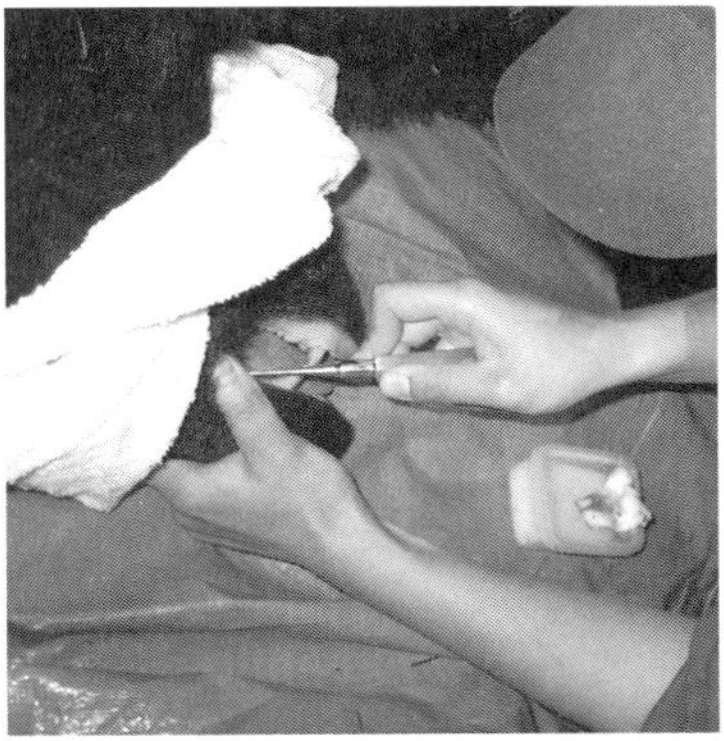

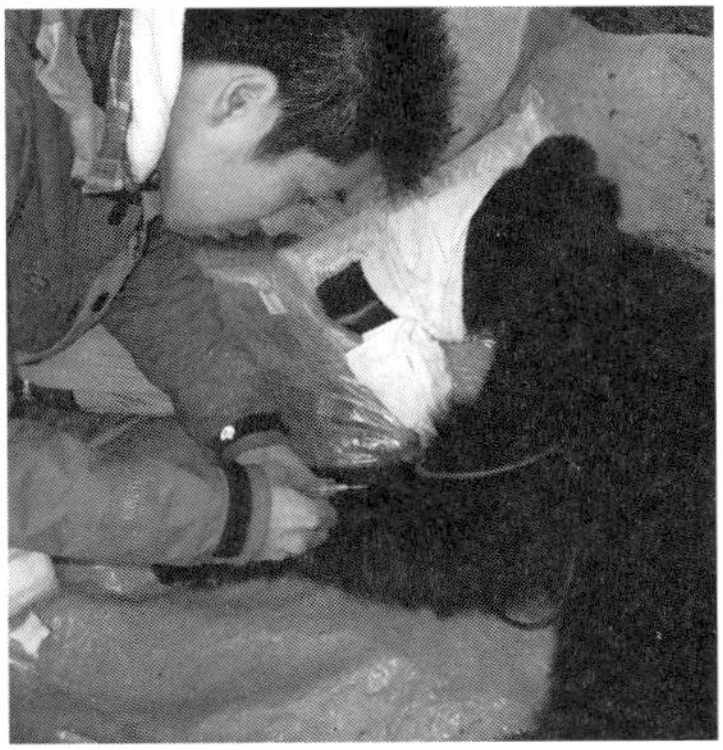

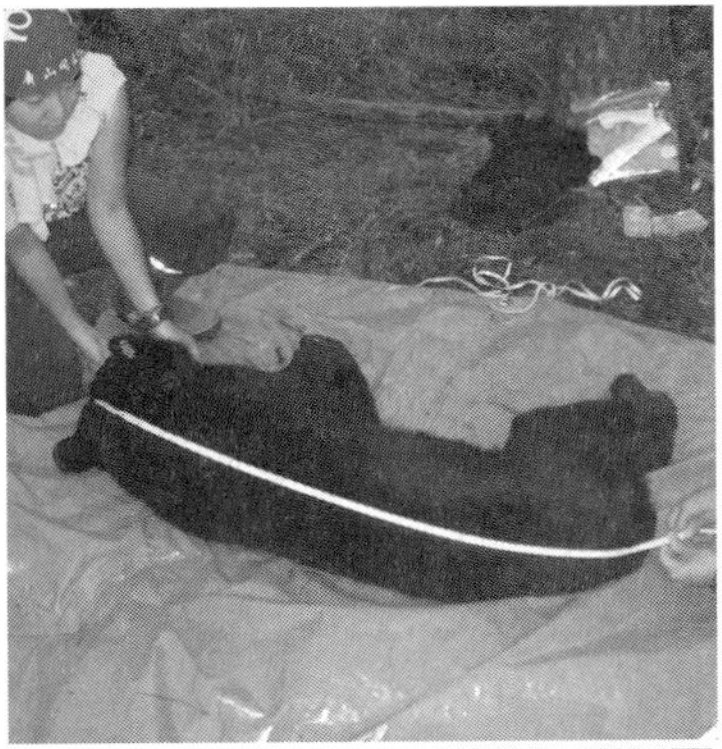

捕獲《ほかく》したクマの情報を集める

【右上から下へ】

体重の測定

体長の測定

体脂肪《たいしぼう》の測定

【左上から下へ】

前臼歯《ぜんきゅうし》の抜歯《ばっし》

血液を採取する筆者

麻酔《ますい》からさめたクマが行動しはじめたら、ようやくクマの追跡《ついせき》調査が始まる。

クマを追跡《ついせき》する装置は、時代とともに進歩し、どんどん変化している。わたしが山梨《やまなし》で調査をしていたころは、VHF発信機といわれる地上短波無線装置を用いた追跡《ついせき》調査法であった。この方法はクマに装着した首輪型のVHF発信機から発信される電波から、調査者がアンテナを用いてその行動位置を特定するものだ。位置を特定するには、通常は3か所から電波がやってくる方向を測定して、その交点にクマがいるだろうと推定する。これは言葉にするとかんたんなのだが、実際におこなうと大変な苦労をともなう。

まずは、山に行き、大まかなクマの位置を特定しなくてはいけない。通常、この作業は車を運転しながら、車に搭載《とうさい》したアンテナでクマに装着した首輪から発信される電波を探すことになる。クマは非常に広い範囲《はんい》を行動するので、一晩で何十キロも動いてしまうこともある。そのため、予想した場所にクマがいないことも多く、車で百キロ以上も走り、クマから出る電波を探すこともよくあった。また、車でどれだけ探してもクマが見つからない場合には、セスナ機をチャーターして、空からクマを捜索《そうさく》したりしたこともあった。そのうえ、この方法は、正確なクマの場所は特定できないという難点があった。特に、日本のようなけわしい山の地形では、山の斜面《しゃめん》に電波が反射したりして、正しいクマの位置が特定できないため、たぶんこのあたりにいるだろうといった程度の位置情報しか得られなかったのだ。

つづいて、二〇〇〇年代前半からは、人工衛星によって動物の位置を特定するGPS受信機が、野生動物の行動調査に用いられるようになった。それまでは、わたしたちが直接現場の山に行って、その時々のクマの居場所を特定していたのだが、それを、衛星が自動的に位置を特定してくれるため、天候にかかわりなく二十四時間、情報を取得できるようになった。さらに、動物の位置を特定する間隔《かんかく》も調査者が決めることができるので、たとえば五分おきにクマの居場所を記録してほしいとか、一日に一回の頻度《ひんど》で動物の居場所を特定してほしいといった、目的にあった設定が可能になった。

さらに最近の機種では、GPS受信機で得た位置情報を通信衛星を介《かい》してEメールで送られてくるようになっている。つまり、わたしたちは手元のパソコンやスマートフォンで、リアルタイムでクマの位置情報を得ることができるようになったのだ。この二十年ほどの間に、クマの行動を追跡《ついせき》する方法はこのように飛躍的《ひやくてき》に進歩し、正確な情報を比較的《ひかくてき》少ない労力で得られるようになった。こうして、クマを探すために使っていた多くの時間を、他の調査目的に使うことが可能になったのだった。

◆クマの捕獲《ほかく》が始まる

プロジェクトは二〇〇五年から始まり、早速クマの捕獲《ほかく》の準備を始めることとなった。クマの生態班のメンバーは、新たに大学院に学生としてもどったわたしのほか、リーダーの茨城《いばらき》県自然博物館の山﨑晃司さん、研究室の後輩《こうはい》の小坂井千夏《こさかいちなつ》さんの三名だ。山が芽吹《めぶ》き始め、捕獲《ほかく》の許可がおりた六月から、さっそく足尾《あしお》の山のクマが通りそうな場所を中心に、四か所にトラップを設置して、クマの捕獲《ほかく》を始めた。トラップを設置した後には、小坂井さんが足尾《あしお》に調査時の宿泊用の家を借りて、ほぼ毎日トラップの見回りをおこなうとともに、わたしも毎週、車で片道五時間ほどかけて足尾《あしお》を訪れ、トラップの見回りのほか、食物資源量の調査などをおこなっていた。ちなみに、なぜわたしの足尾《あしお》の山に訪れる頻度《ひんど》が少なかったかというと、じつはもう一つの調査地である東京の奥多摩《おくたま》でも、同時並行でクマの捕獲《ほかく》調査をおこなっていて、そちらの見回りをしなくてはならなかったのと、この翌年の二〇〇六年にアジアで初めて国際クマ会議が日本で開催《かいさい》することが決まっており、そちらの準備作業があったためだ。

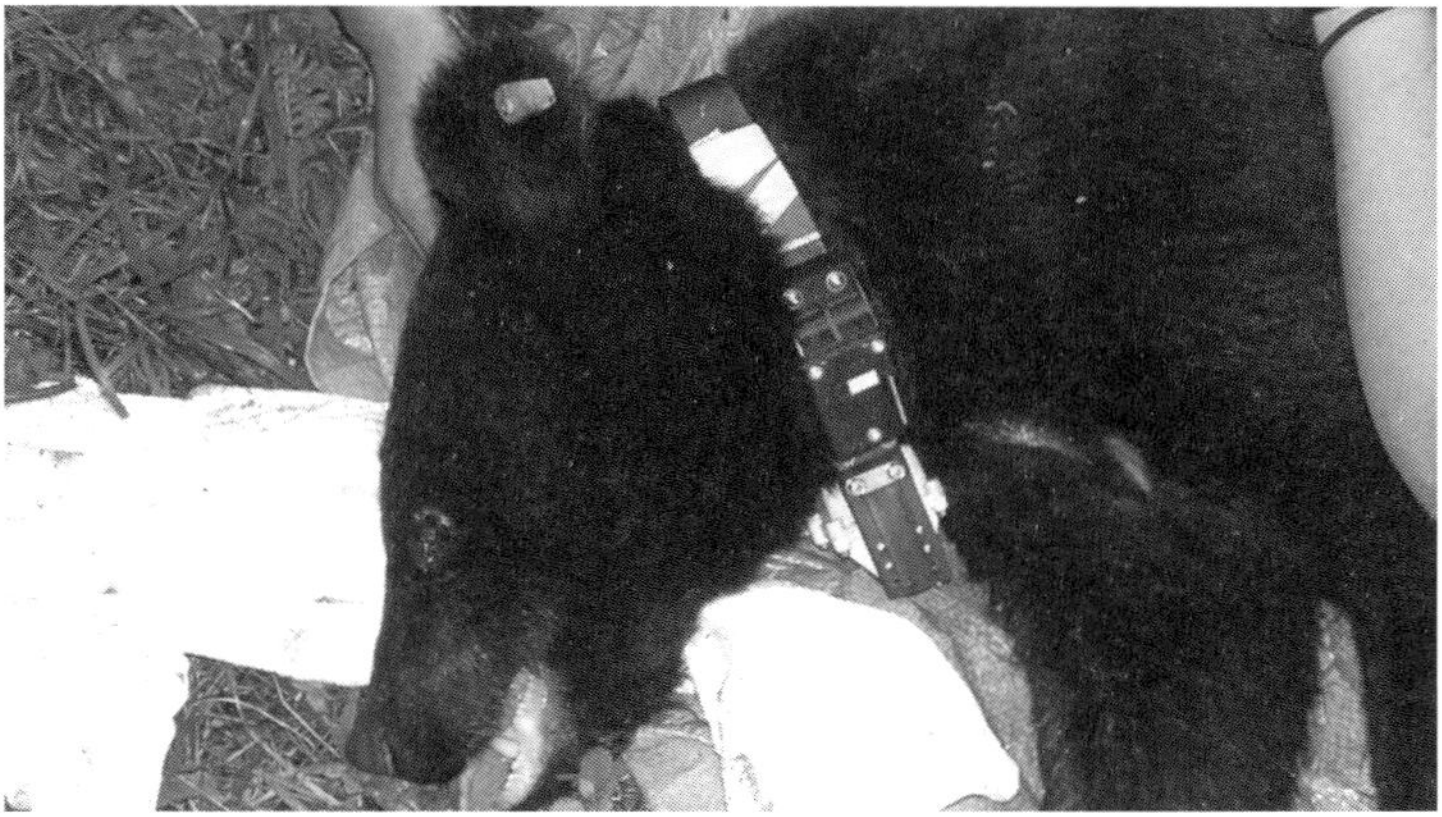

GPS受信機を装着したクマ FB70

足尾《あしお》の山にトラップを設置して二週間後の六月、待望の一頭目のクマが捕獲《ほかく》された。このクマはＦＢ70と呼ばれる当時九歳《さい》のメスの成獣《せいじゅう》で、じつはその前年にも捕獲《ほかく》されたことがある見覚えのあるクマだった。早速、このクマにＧＰＳ受信機を装着して、行動を追跡《ついせき》することになった。プロジェクトの目的は、秋の行動を追うことなので、秋まで十分に追跡《ついせき》がおこなえるように電池を節約して、衛星との通信頻度《ひんど》を長めの一時間おきに設定し、存在場所を記録するようにした。さらに、その後も七月に二頭のオスが続けて捕獲《ほかく》され、それらにもＧＰＳ受信機を装着し、計三頭のクマを対象に、秋のクマの動きを追跡《ついせき》することになった。しかし、秋を迎《むか》える前に一つの問題が浮上《ふじょう》していた。

◆ドングリの量のはかり方

その問題とは、クマが行動する（であろう）広大な範囲《はんい》で、ドングリの結実量を、どのようにして正確に把握《はあく》するかということである。ドングリの結実量を測定するのは、森林総合研究所の正木《まさき》隆《たかし》さんと阿部《あべ》真《しん》さんだ。二人とも、この地域で調査をおこなうことは初めてで、どこにどのような種類の樹木が生育しているのかという情報もなく、またクマがどの程度の範囲《はんい》まで行動するのかといった情報も、調査を開始した二〇〇五年の初夏の段階ではわかっていなかった。そのため、調査一年目の二〇〇五年は、どこで、どのように、どの種類の、どの木のドングリの量をはかるのかという課題を解決しなければならなかった。

ここまで、ドングリには豊作の年と凶作《きょうさく》の年があるという話をしてきたが、これを決めるためにはどれくらいの量のドングリが木になっているのかをはかる必要がある。じつは、木になっているドングリの量をはかるのは、意外とむずかしい。しかもできるだけ正確にということになるとなおさらだ。

みなさんは、森の中で樹冠《じゅかん》（木の葉っぱがしげっている部分）を見上げたことはあるだろうか。おそらく、葉っぱの裏側を見たことはあると思うが、多くの樹木の場合、果実は枝先の、

森の中にシードトラップを設置する

葉の上側につくことが多い。そのため、ふつうに森の中で木を見上げてもドングリは見えないことが多い。では、これまで、どうやってドングリの量をはかる調査がおこなわれてきたか、いくつかの事例を紹介《しょうかい》したい。

一番確実なのは、木を切り倒《たお》して一つずつドングリを数える方法だが、これは現実的ではない。一般《いっぱん》的《てき》によく使われるのは、木の下に直径80センチほどの円錐型《えんすいがた》のネットをいくつか設置して、落下してきたドングリを数える方法である。この装置はシードトラップと呼ばれ、この方法だと、一定の面積あたりの結実量を出すことができるので、一本当たりのドングリの結実量を正確に測定することができる。ただし、シードトラップを設置するためには、まずは寒冷紗《かんれいしゃ》と呼ばれる丈夫《じょうぶ》なガーゼのような布を一定の大きさに切り、さらにミシンで端《はし》を縫《ぬ》い、さらに現場では支柱を立てるなどの作業が多いので、たくさんの木の果実の量をはかるのには向かない方法である。

一方、ある一定の範囲の結実量と指標を用いて、木全体の結実量を推定する方法もある。その一つに、長い棒（五メートル以上）の先に鎌《かま》を取り付けて、木の上のほうの枝を何本か切って、採取した枝先についているドングリの数を数えたり、あるいは一人が同様な長い棒で枝を引っ掛《か》けて枝を下向きに引っ張っている間に、もう一人の調査者がその枝先についているドングリの数を双眼鏡《そうがんきょう》で数えるといった、「枝先のドングリの量」を指標にする方法もある。

また、道沿いなどの、観察しやすい木を対象に、双眼鏡《そうがんきょう》を使って、「一定時間内に数えることができる果実の量」を指標にする方法もある。これらの方法は、かんたんに、多くの木の果実の量をはかることができるものの、実際に一本当たりのドングリの結実量を正確に測定することはできないという課題が残る。

二〇〇五年、このプロジェクトで正木さんたちは、足尾《あしお》の山の周辺三か所で、まずはこの地域でもっとも多く生育しているミズナラのドングリを対象に、二人一組で長い棒で枝を引っ掛《か》けて

双眼鏡《そうがんきょう》を使って数える

枝先を切る

枝を下向きにした状態で、枝先のドングリを双眼鏡《そうがんきょう》で数える調査をおこなうことにした。しかし、三か所の間でも木になっているドングリの量には、かなりちがいがあり、また一か所で何本かの木を観察しても、個体によって木になっているドングリの量には大きなちがいがあって、はたして二〇〇五年はミズナラが豊作の年なのか凶作《きょうさく》の年なのかまったくわからない結果となった。さらに一本の木のドングリの量をはかるのに三〇分近くも時間がかかり、あまり多数のミズナラを観察することもできなかった。つまりこの方法では、ドングリの量を把握《はあく》することができず、クマが動くであろう広い地域で、クマの動きとドングリの「なり」の関係を明らかにすることはむずかしいことが明らかになったのだ。

そこで、二〇〇六年からは方法を工夫して、よりかんたんに、より広範囲《こうはんい》の多くの木の果実を、より正確にはかれるようにした。それは、これまでいろいろな研究で使われてきたいくつかの方法の利点を、組み合わせた方法である。具体的には、まず何本かの木の下にシードトラップを設置するのと同時に、双眼鏡《そうがんきょう》を使って同じ木の果実の数をはかる調査をおこない、二つの結果を比較《ひかく》して、それぞれの値にどういった関係があるのかを、数式で明らかにすることで、二つの値の関連式をつくったのだ。そうすることで、ほかの木の果実をはかる場合には、双眼鏡《そうがんきょう》を使って果実を数えた値だけで、シードトラップを使った場合に得られる果実数、つまり、実際にその木になっている果実数を推定することができるようになったのだ。

さらに、足尾《あしお》でのクマの捕獲《ほかく》、行動追跡《ついせき》調査も順調に進んでいたことから、ほぼこの地域のクマがどの程度の範囲《はんい》までドングリを探しに出かけるのかもわかり、ドングリ調査の必要な範囲《はんい》が決まってきた。その結果、二〇〇七年からは、ミズナラだけで四〇〇本を越《こ》える木のドングリの「なり」具合を調査するようになった。

この調査は、現在でもおこなっており、九月になると十人の調査者が二人一組で三日間かけてすべての木を回って、すべての木のドングリの「なり」を調査して、その年のこの地域のドングりが豊作なのか凶作《きょうさく》なのかを明らかにしている。

◆広く大きく動くクマ

プロジェクト一年目の二〇〇五年は、九月にＧＰＳ受信機を装着したクマ一頭を加え、四頭のクマの追跡《ついせき》をおこなったものの、九月中に受信機が故障してしまった個体がいたことと、ドングリの「なり」の状況《じょうきょう》がよくわからなかったことから、成果らしい成果を得ることはできなかった。しかし、この一年間の調査で、トラップを設置すれば確実にクマが捕《つか》まること、かなり広い範囲《はんい》にクマが移動することがわかったのは、大きな収穫《しゅうかく》だった。

そしてプロジェクト二年目の二〇〇六年には、前年より少し早い五月にトラップを設置してクマの捕獲《ほかく》に備えた。その結果、七月までの間になんと十一頭のクマを捕獲《ほかく》することができ、そのうち七個体にＧＰＳ受信機を装着することができた。その中には、前年に捕獲《ほかく》をしたＦＢ70も、その年に生まれた子どもをつれた状態で捕獲《ほかく》し、再度この個体にもＧＰＳ受信機をつけることができた。そして、その後は小坂井さんと手分けをして、それらの個体の追跡《ついせき》調査をおこなっていた。しかし、八月中旬《ちゅうじゅん》あたりから、前年と異なり足尾《あしお》から姿を消すクマが現れ始めたのである。

当時、クマに装着したGPS受信機は、現在わたしたちが使用しているものとちがい、通信衛星を使ったリアルタイムでどこにクマがいるのかといった情報を得ることができないタイプだった。つまり、受信機から発信される電波を頼《たよ》りにクマを探し、一定の期間がたった後に、クマに数百メートルまで近づき、クマに装着したGPS受信機をリモコン操作でクマの首輪からはずして回収し、受信機の中に蓄積《ちくせき》された位置情報を入手する。そうして初めてクマがそれまでどこにいたかという正確な情報が手に入るのだ。そのため、それまでいた場所から急にクマがいなくなってしまうと、わたしたちは手分けをしてクマを探す作業をしなければならない。しかし、二〇〇五年の経験や二〇〇六年のこれまでの経験から思い当たる場所をどれだけ探しても、一向にクマは見つからなかった。GPS受信機が故障したのではないかという心配もあったが、多くのクマのGPS受信機がいっせいに故障することは考えられず、途方《とほう》にくれた。

連日、車でいける限りの道は車で、また山の高いところに機材をかついでクマの探索《たんさく》に出かけた。そして、九月になったある日、車を運転中にかすかなGPS受信機の電波を拾うことができた。それは、FB74というメスで、六月に捕獲《ほかく》をした際に、その年に生まれた子どもをつれていた個体だった。その場所は、なんと足尾《あしお》からは北西に二十キロメートルほど離《はな》れた丸沼《まるぬま》と呼ばれ

GPS 受信機を付けたクマ

る周辺であった。足尾《あしお》と丸沼《まるぬま》との間には標高二千メートルを超《こ》える白根山などの山があり、さらに子どもをつれた個体が、そんな遠くまで移動することを、わたしたちはまったく想定していなかった。最初は何かのまちがいではないかと思ったほどだったが、電波の周波数をいくら確認しなおしても、それはＦＢ74に装着した首輪の周波数と同じだった。

わたしたちは、すぐにでも、そのクマがいる場所に向かおうとしたが、クマがいると想定されたあたりには、道もなく、それ以上は近づけなかった。そのためわたしたちは、ほぼ毎日、この電波の監視《かんし》をおこなうことにした。そして、この経験から、クマはこれまでわたしたちが考えていたより広大な範囲《はんい》に動いていることがわかり、再度地図を見ながら、クマの捜索する範囲《はんい》を検討することとした。その結果、足尾《あしお》から半径五十キロメートルの範囲《はんい》を徹底的《てっていてき》に探すことで、これまで行方不明だった多くのクマが見つかり始めたのである。その中には、ＦＢ74と同じく、その年に生まれた子どもをつれていたＦＢ70も含《ふく》まれ、この個体はＦＢ74とは反対の足尾《あしお》から南東に十五キロメートルほど離《はな》れた山の中にいることがわかった。

ちょうどそのころ、ドングリ調査をおこなっていた正木さんから、二〇〇六年はミズナラが凶《きょう》作《さく》のようであるとの情報がもたらされた。つまり、プロジェクトの当初の目的を達成するために必要なドングリの凶作《きょうさく》という現象が、プロジェクトをはじめて二年目にいきなり現れたのである。しかも、まだ、こちらの調査が本格化する前にである。しかし、このクマのいっせい行方不明事件をきっかけに、わたしたちは、ドングリの凶作《きょうさく》年には、クマが例年とちがった動きをするということを強く思い知ったのだった。

◆ドングリへの強いこだわり

ドングリが凶作《きょうさく》の年に、クマが大きく動くことは二〇〇六年の経験からわかったが、なぜ、クマは大きく動くのか、その理由ははっきりとはわからないままであった。そこで、二〇〇七年からは小坂井さんや、この後に研究室に入りクマの研究をおこなうことになった根本唯《ねもとゆい》さん、中島亜美《あみ》さん、梅村佳寛《よしひろ》さんらとともに、秋のクマの動きをさらに詳細《しょうさい》に調査をおこなうこととした。具体的には、GPS受信機を回収した後に明らかになったクマの動きを詳細《しょうさい》に解析《かいせき》するとともに、そのデータをもとに、クマが実際に利用していた場所に出向いて、どのような環境《かんきょう》にクマが滞在《たいざい》していたのかを明らかにすることだった。

まず、ドングリが凶作《きょうさく》の年のクマの動きを細かく見ると、クマは豊作の年よりも広い範囲《はんい》を移動していることがあらためて確認できた。しかし、その広い範囲《はんい》をまんべんなく移動しているわけではなく、その中には島のように集中的に滞在《たいざい》する場所が何か所も存在した。しかも、それらの集中的に滞在《たいざい》する地域から次の集中的に滞在《たいざい》する場所に向かって、クマはほぼ一直線で移動していたのだ。

一方、豊作の年もこういった集中的に滞在《たいざい》する場所は、彼らの行動する範囲《はんい》の中に存在していたが、これらの集中的に滞在《たいざい》する場所どうしの距離《きょり》が近いため、結果的に行動する範囲《はんい》が狭《せま》かったのである。さらに、凶作年《きょうさく》には、クマはより標高の低い場所に移動していた。これは、おそらくこの地域のクマが通常の秋によく食べるミズナラは、どちらかというと標高千メートル以上の場所に多く存在していて、これが不足したとき、標高千メートル以下の地域に多く生育するドングリであるコナラを求めて移動したのだろう。またクリも幅広い標高に生育していて、これもミズナラのドングリの代わりとして食べられていたのだろう。

しかし、実際にこれらのクマが集中的に滞在《たいざい》した場所に出向いて、その森の様子について調査をおこなったところ、ミズナラのドングリが豊作の年にはもちろんミズナラがたくさんある森であったのだが、凶作年《きょうさく》に利用している場所を訪れてみると、そこにもミズナラが存在していたのだ。ただし、そこはスギ林とスギ林の間や、道路と川との間などの本当に小さな森の隙間《すきま》のような場所に存在する、わずかなミズナラの木が生えている場所であった。つまり凶作《きょうさく》の年では、「ミズナラの林」とはいえないような、局所的に存在するミズナラをクマは利用していたのだ。なぜ、こんな場所をクマは利用していたのだろうか?

前に、ブナのなかまのドングリの「なり」は広い範囲《はんい》で同調するという話をしたが、じつは、ほかの樹種とは異なり、ミズナラの場合には局所的に、あまのじゃくのようにドングリをつける木が存在することが知られているのである。おそらく、クマは多くのミズナラが凶作《きょうさく》の中でも、わずかに存在する「果実をつける木」を探して広い範囲《はんい》を歩きまわり、その過程でこのような木を発見して、そこにしばらく滞在《たいざい》し、いつも食べなれているミズナラのドングリを食べているのかもしれない。

もちろん、クマはいつも食べなれているミズナラのドングリが見つからないときには、その代替となるコナラやクリといったドングリや、ほかの果実などを食べて、ドングリの凶作《きょうさく》をしのぐことにはなるのだと思うが、まずは、食べなれたミズナラのドングリにこだわって、広い範囲《はんい》を歩きまわっているのだろう。

◆ドングリの凶作《きょうさく》が意味すること

このプロジェクトは二〇〇五年に始まり、二〇一〇年まで続いた。その六年間でわれわれは一〇四回の捕獲《ほかく》に成功し、のべ四十六頭のクマにGPS受信機を装着することができた。この間、ドングリの凶作《きょうさく》は二〇〇六年と二〇一〇年の二回だった。

当初の予想通り、ドングリの凶作《きょうさく》によって、クマは夏にいた場所で、秋に必要な食物の量が不足した場合、夏にいた場所から移動してほかの場所に食物を探しに動いていた。また、二〇一〇年九月には、わたしたちが追跡《ついせき》をおこなっていたMB69と呼ばれる大きなオスグマが、それまで

クマに食べられた魚のえさ

クマに壊されたえさ置き場

行動していた範囲《はんい》からさらに移動して、足尾《あしお》のはずれにある養魚場に行き、そこの魚用のえさなどを食べたため、駆除《くじょ》されてしまうといった事件も発生した。つまり、凶作《きょうさく》の年にはクマが行動する範囲《はんい》を広げ、ふだんはあまり近寄らない集落や耕作地にまで近づいて、そこに魅力的《みりょくてき》な食べ物があるとそこにいついてしまう…こんなことが、クマの大量出没《しゅつぼつ》となり、多くの個体が駆除《くじょ》される事態につながっていることがわかってきた。

ドングリが凶作《きょうさく》になると、クマは食べ物を求めてたくさん歩き回らなくてはならないし、冬《とう》眠《みん》に向けて脂肪《しぼう》が十分に蓄積《ちくせき》できないことになる。メスのクマは冬眠《とうみん》中に子どもを出産するが、秋に十分に食べ物を食べることができず脂肪《しぼう》の蓄積《ちくせき》ができないときには、出産ができなかったり、出産しても十分に育てられなかったりすることが知られている。このように、クマにとってはドングリの凶作《きょうさく》はとても残念な現象と言えるのだ。

しかしながら、視点を変えてみると、ドングリの凶作《きょうさく》によって思わぬ恩恵《おんけい》を受ける生物も同じ森林には存在する。じつはクマは、サクラやヤマブドウといったさまざまな果実をたくさん食べるのと同時に、それらの種子を森の中を歩きながら糞《ふん》といっしょに排泄《はいせつ》することで、植物の種子散布者として働いていることが最近の研究でわかってきたのだ。クマがすむ森には、クマ以外にも鳥やサルといったさまざまな植物の種子を運ぶ動物がいるが、中でもクマは森の中を大きく動くことから、ほかの動物が運ぶことができないほど遠くまで、植物の種子を運ぶことができるのだ。そして、ドングリが凶作《きょうさく》の年には、先ほども述べたようにクマは通常の年とは比較《ひかく》にならないほど遠くまで移動する。しかも、クマはドングリをたくさん食べられないので、さまざまな果実を食べることになる。そのため、果実を結実させるさまざまな植物から見ると、ドングリの凶《きょう》作《さく》によってクマが大きく動き回ってくれることで、クマが山の中のいろいろな場所に種子を運んでくれる絶好の機会となるのだ。自分で動くことができない植物にとっては、山中のいろいろな個体どうしの遺伝子の交流や、分布を広げるまたとない機会となっている可能性があるのだ。

ドングリが豊作、凶作《きょうさく》を繰《く》り返すことは樹木が持つ自然のリズムで、人間がどうやっても変えることはできない現象である。このことについては、いろいろ考えさせられる。たとえば、ドングリの凶作《きょうさく》によって食物を十分に食べられない「かわいそうなクマ」や、さらにそのため人里まで出てきて駆除《くじょ》される「かわいそうなクマ」を助けるために、町の中で拾ったドングリを集めて山の中にまく運動をしている人たちがいる。しかし、もし、視点を変えてドングリの凶作《きょうさく》によって何らかの恩恵《おんけい》を受けている生物が同じ森の中にいるとしたら、人間が山にドングリをまくことで、本来受けるはずの恩恵《おんけい》を受けられなくなっているかも知れず、結果的に自然のバランスやリズムを壊《こわ》すことになっているかもしれない。森の生き物どうしのつながりは大変複雑なので、同じ現象でも、一つの生物だけを通してみる場合と、またちがった生物を通してみる場合とでは異なることは多い。そのため、安易なその場の人間の感情だけで物事を判断したり、行動することで、結果的には森のバランスをこわすことになるかもしれないのだ。

第三章

クマの食べ物の種類

◆旬《しゅん》の食べ物・葉っぱ

これまで、秋のクマにとって、いかにドングリが大切な食物であるかということを述べてきたが、この章では他の季節におけるクマと食物との関係に焦点《しょうてん》を当ててみたい。そこには、秋とはちがったクマと食物との関係が存在することが見えてくる。それは、クマが効率よく栄養を取ろうとする姿である。

「春、長い冬眠《とうみん》を終えて穴から出てきたクマは、草や木の葉や花を食べる」と、多くの先行研究で報告されてきた。ところが、どの種類の草の葉を食べるのか、などの詳細《しょうさい》な情報は、これまでほとんどなかった。その理由は、クマがこれらの葉や草を食べたときの糞《ふん》を分析《ぶんせき》しても、糞《ふん》の中身はお茶の出がらしのような状態になってしまっていて、それを見ただけではクマがどの種類の木の葉を食べているのかはわからないからである。しかし、秋のクマがあれほどまでにミズナラにこだわっていたのだから、おそらく春のクマも食べ物にこだわりがあるのではないかとわたしは考えた。

そこで、研究室の学生であった古坂志乃《ふるさかしの》さんとともに、まずは足尾《あしお》で春のクマの観察をおこな

クマを探して、山の斜面《しゃめん》を見張る

うことで、春のクマと食との関係の調査をはじめてみることとした。調査は、まだ山には芽吹《めぶ》きが訪れるまえの三月、三脚《さんきゃく》とカメラをかついで、足尾《あしお》の山の中でクマを探すことから始まった。しかし、なかなかクマは見つからず、一日中、山の斜面《しゃめん》を眺《なが》めていても、チラッと斜面《しゃめん》を横切るクマが見られればラッキーなほうで、まったくクマが見つけられない日々が続いた。そこで、この地域でクマをはじめとする野生動物の写真を長年にわたり撮影《さつえい》してきた写真家の横田博《よこたひろし》さんにお願いをして、クマの撮影《さつえい》に同行させていただき、まずはクマを見つける練習からおこなった。その結果、クマが現れそうな場所の雰《ふん》囲気《いき》や、よく活動する時間帯などがわかってきて、四月の終わりあたりからは、わたしたちだけでも山の斜面《しゃめん》にいるクマを見つけられるようになっていった。

五月になり、足尾《あしお》の山にも遅《おそ》い芽吹《めぶ》きが訪れ始めるのと同時に、わたしたちが観察をしたいと考えていた葉を食べるクマが、山のいたるところで見られ始めた。わたしたちは、山の斜面《しゃめん》が一望できる場所で、望遠レンズを装着したビデオカメラを三脚《さんきゃく》にセットし、斜面《しゃめん》のどこかにクマの姿を発見したら、すかさずビデオでクマの姿を録画するといった作業を繰《く》り返した。肉眼では、斜面《しゃめん》にゴマのように黒い点が動いているようにしか見えないクマであったが、ビデオのモニター越《ご》しで見るクマは、地面に生えている草本《そうほん》だけでなく、木に登って枝先の芽吹《めぶ》いたばかりの葉や花を、がむしゃらに食べては、また次の木に移るといった行動を繰《く》り返していた。

そして、クマがその場から立ち去ったら、改めてその場所まで行き、クマが実際に食べていた植物の種類を確認する作業を繰《く》り返した。しかし、実際にその場に行ってみると、そこは切り立ったがけであったりするなど、とても人間が近づけないような場所であることも多く、なかなかこの作業は進まなかった。それでも、四月から六月にかけて二八〇時間以上も斜面《しゃめん》に現れるクマを待ち構えていて、何かを食べているクマの姿を七時間半ほど観察することができた。この時間を「なんて短いのだろう」と思う人がいるかもしれないが、わたしはこれまでクマは森の奥《おく》深く

木にのぼり、新芽を食べるクマ

で生活していて、とても直接観察することなどできない動物という認識だったため、「七時間半もクマの姿を見ることができた」というのが正直な気持ちである。

ここで、この七時間半の映像から見えてきたクマの姿をかんたんに紹介《しょうかい》したい。

わたしたちは、この映像を研究室にもどって詳《くわ》しく確認したところ、確かにクマは様々な樹種の葉を食べるのだが、明らかにクマが葉を食べる樹種と食べない樹種があるようだった。また一つの樹種でもクマが木に登り、葉を食べているのは非常に限られた期間で、ある樹木に登って葉を食べていたかと思うと、次の週にはその樹種には目もくれず、ほかの樹種の木に登って葉を食べるといった行動をしていた。このようにクマが次々と登る木の種類を変えていた理由は、じつはその木の葉の栄養成分に隠《かく》されていた。

それがわかったのは、クマの観察をおこなうとともに、そのときにクマが食べていた樹木の種類の葉をいっしょに採取して、その栄養価を分析《ぶんせき》していたからだ。ちなみに、野生動物の食べ物の栄養価をはかるといっても、特別な方法ではなく、われわれ人間の食べ物と同じような成分について測定をおこなう。ただし、人間の場合には、「日本食品標準成分表」などで様々な食品の栄養価が公表されているが、野生動物が食べる野生の食べ物に関してはこういった情報は皆無《かいむ》なので、そのたびに自分たちで測定をおこない、それぞれの食べ物のエネルギー量やタンパク質の量をはかることになる。

まず、なぜクマが葉を食べる木の種類を選んでいるのかを考えてみたい。実際に、五月になり、クマが頻繁《ひんぱん》に木に登って葉を食べていることが観察できた樹種は、バッコヤナギ、グミ、ズミ、ミズナラといった樹木だった。一方、足尾《あしお》の山にはたくさん生えているものの、クマが木に登って葉を食べているのが観察できなかった木の樹種は、ヤシャブシ、リョウブ、ダケカンバといった樹種だった。そこで、これら樹種の葉の栄養価を比較《ひかく》してみたところ、クマの採食が確認

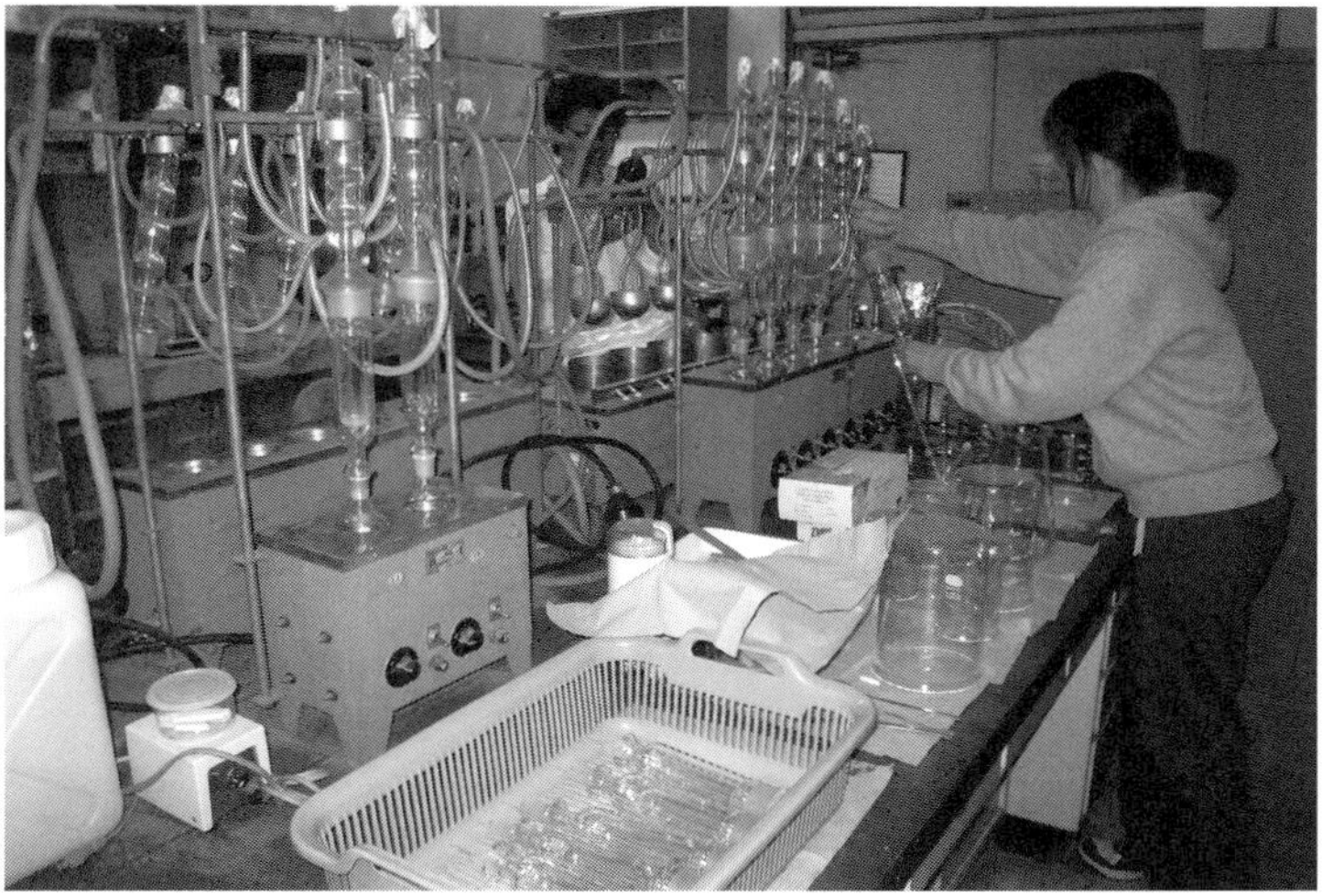

栄養を分析する

された樹種の葉は、採食が確認されなかった樹種の葉に比べて、含《ふく》まれるタンパク質の量が多く、繊維質《せんいしつ》の量が少ないという結果になった。

さらに、なぜクマは一つの樹種の葉を長い間にわたって食べずに、次から次へと短い期間の間に、食べる樹種を変えていったのか、その理由についても考えた。こちらも、クマがよく木に登って、葉を食べているのが観察されたバッコヤナギ、ズミ、ミズナラの葉を毎週採取し、それぞれの時期の栄養成分を測定してみた。すると、いずれの樹種も、芽吹《めぶ》いて直後の葉には、大量のタンパク質が含《ふく》まれているのだが、芽吹《めぶ》いてから時間が経過すると共に、葉に含《ふく》まれるタンパク質の量はみるみる減少し、一方、葉に

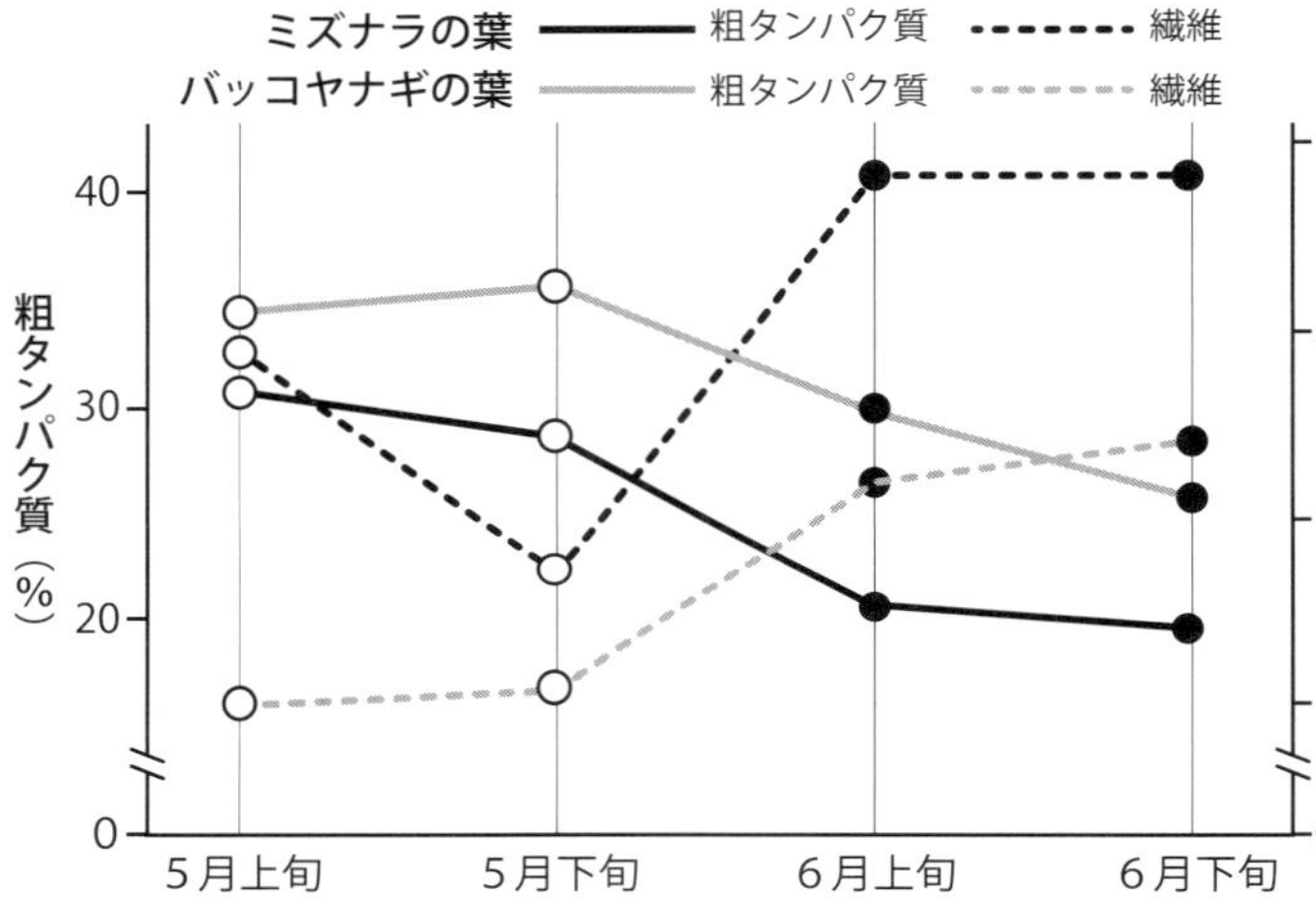

タンパク質と繊維《せんい》の量の変化（○はクマが食べている期間）

含《ふく》まれる繊維質《せんいしつ》の量がどんどん上昇《じょうしょう》していた。芽吹《めぶ》いた直後の葉は柔らかく、触っただけでかんたんにつぶれてしまうが、日がたつにつれてだんだん葉がしっかりと硬くなっていく。これは、葉に含《ふく》まれる繊維《せんい》の量が増えているからだ。

　このように、葉の栄養成分が日に日に変化していく中で、クマは、葉のタンパク質が多く、繊維質《せんいしつ》が低い時期を選んで、それぞれの樹種の葉を食べていたのだ。

　タンパク質は、人間をはじめ多くの動物にとって、筋肉や骨を形作る大切な栄養素だ。おそらく、冬眠《とうみん》を終えたばかりのクマにとっては、冬《とう》眠中《みんちゅう》に衰《おとろ》えた筋肉を回復させるために、大量のタンパク質が必要なのかもしれない。さらに、クマは前に説明したとおり食肉目といわれる動物の仲間で、内臓が肉食に適した構造をしているため、植物の繊維《せんい》を消化するのはあまり得意ではない。そのため、できるだけ繊維《せんい》の少ない食物を選んでいると考えられる。大きな体のクマにとって、小さな葉を、わざわざ木に登って一枚一枚ずつ食べるのは非常に効率が悪い。しかし、こういった条件に合う食べ物は何かと考えると、春は、芽吹《めぶ》いたばかりの葉が、クマにとってはベストな食べ物なのだろう。

◆石をひっくり返すクマ

山の芽吹《めぶ》き直後から、クマたちは木に登って葉を食べていたが、六月にはなるとパタッとその様子が見られなくなった。そのかわり、山中からガラガラと石が斜面《しゃめん》を落ちる音が聞こえるようになる。これは、クマが山の中に点々と存在する草地に現れ、自分の体の半分ほどもあるような大きな石を一つ一つひたすらひっくり返し、その石が斜面《しゃめん》を転がる音だ。六月になると、このように石をひっくり返すクマの姿が、頻繁《ひんぱん》に観察されるようになる。はじめは、わたしたちはクマがなぜ石をひっくり返しているのかわからなかった。しかし、クマの糞分析《ふんぶんせき》の結果、六月になるとアリが含《ふく》まれる糞《ふん》の割合が非常に高くなったこと、そして、クマが実際にひっくり返した石の跡を見ると、そこにアリの巣があったことから、こうしたクマの行動は、石の下に作られたアリの巣の中のアリをクマが食べている、正確には舐《な》めている（通称《つうしょう》、アリ舐《な》め）ことがわかった。

この行動は、八月半ばぐらいまで観察された。それまで、わたしが調査をおこなっていた山梨《やまなし》でも、確かに夏のクマの糞《ふん》の中からはアリが出てくることはあったが、これほど多くの糞《ふん》からアリが出てくることはなかった。なぜ足尾《あしお》のクマは、これほど多くのアリを食べているのだろうか？

そこで山崎晃司さんらと、足尾《あしお》のクマが石をひっくり返す行動がよく観察された草地と、足尾《あしお》周辺の森とで、どれほどアリの量がちがうのかを調べてみた。その結果、足尾《あしお》周辺の森の中よりも足尾《あしお》の草地のほうが、多くの種類の、多くの量のアリが生息していることが明らかになった。なぜ、足尾《あしお》の草地に多くのアリが生息して、そこでクマはアリを食べているのだろうか？

ここからは推測になる部分もあるが、その理由は、草原の日あたりのよさだろう。草地は森とちがって太陽光が地面に直接届くため，地面の温度が上昇《じょうしょう》しやすく，土の中に巣をつくったアリにとっては、活動がしやすいのだろう。特に、草原の中にある石は温まりやすいので、その下にアリは好んで巣を作ると考えられる。さらに、この足尾《あしお》でクマがアリを頻繁《ひんぱん》に食べる理由は、足《あし》

アリを探すクマ

尾《お》独特の地面の構造ではないかと思う。

前述したように、足尾《あしお》は過去の土壌《どじょう》流出によって、今でも固い岩肌の上には、あまり厚くない状態で土壌《どじょう》が堆積《たいせき》している場所が多い。そのため、アリが地中に巣を作る場合、あまり深くまで巣を作ることができず、浅く、水平方向に広がった巣になるのではないだろうか。そうだとすると、クマが巣の上の石をひっくり返したとき、アリは地中深くに速やかに逃《に》げることができないので、クマにとってはかんたんにアリを食べることができるのかもしれない。このように考えると、アリを求めるクマにとって、足尾《あしお》は絶好の場所となっているようだ。

◆蛹《さなぎ》を求めて

六月から八月にかけて観察されるクマのアリ舐《な》めだが、この行動も五月に見られた樹上での葉っぱ採食と同じように、ていねいに観察してみることにした。この調査も、研究室の藤原紗菜《ふじわらさな》さんといっしょに、山の中の見晴らしのいい場所で草地に現れてアリを食べるクマをひたすら待った。もし草地にクマが現れたら、そのクマを望遠レンズを装着したビデオカメラで撮影《さつえい》するのだ。この調査では一六九時間の待機時間で約三〇〇回にもおよぶクマのアリ舐《な》め行動を撮影《さつえい》することができた。こちらも研究室にもどり、詳細《しょうさい》に行動内容を解析《かいせき》したところ、同じように見えるアリ舐《な》めだが、時期によって行動に微妙《びみょう》なちがいがあることがわかってきた。

解析《かいせき》では、クマが石をひっくり返して、次の石に移動するまでの時間を測定した。つまり、クマがアリの巣一つあたりの食事にかける時間を計測したところ、六月下旬《げじゅん》から七月下旬にかけての期間は他の時期よりも、その時間が短かったのである。さらに、クマの観察と同時に、クマに食べられていないアリの巣の中の観察をしたところ、クマがアリの巣一つの食事にかける時間の変化の要因には、アリの巣の中でのある変化が影響《えいきょう》していることがわかったのだ。

アリは、集団・家族単位で生活する昆虫《こんちゅう》で、卵から幼虫、蛹《さなぎ》、成虫と完全変態するが、季節によって、その集団の構成は大きく変化する。一つの巣のメンバーは、基本的に多くの働きアリ（性別はメス）と一匹《ぴき》の大きな女王から構成される。冬を越《こ》した女王アリは、春から初夏にかけて、ひたすら働きアリを産み、巣のメンバーを増やしていくのだが、夏が近くなると、女王は次の年の女王の候補になる大きな新女王アリやオスアリを産むようになる。つまり、六月ぐらいまでのアリの巣の中には、働きアリのほか、将来は働きアリになる小さなアリの卵や幼虫、さなぎが多く存在しているのだが、七月になるとアリの巣の中にはひときわ大きな新女王の幼虫や蛹《さなぎ》が現れ始める。そして、八月になるとアリの巣の中からは、これらの蛹《さなぎ》は姿を消し、働きアリが多くを占《し》めるようになる。

じつは、クマがアリの巣での食事にあまり時間をかけなかった時期と、アリの巣の中に新女王のさなぎが存在する時期とがほぼ一致《いっち》する。どういうことかというと、六月のように、アリの巣の中に働きアリが多い状況《じょうきょう》では、クマは石をひっくり返しては、すぐに地中に逃《に》げてしまうアリを時間をかけて丹念《たんねん》に土を爪《つめ》で掘《ほ》りながら舐《な》め食べているのだろう。しかし、アリの巣の中に蛹《さなぎ》、特に大型の新女王の蛹《さなぎ》が増えてくると、クマは一つ一つのアリの巣にはあまり時間をかけな

いで、動くことのできない蛹《さなぎ》をさっさと舐《な》め食べつくすと、それ以上に他のアリを食べようとはせずに、すぐに次のアリの巣に移動して食事をはじめるのだ。つまり、クマは限られた時間の中で食事の効率を上げるため、アリの巣の中の構成要因の変化に合わせて、一つのアリの巣での食事にかける時間を変えていたのだ。

　クマの「食」に迫《せま》る方法には、これまで多くの研究者が糞分析《ふんぶんせき》によって明らかにしてきた。しかし、わたしたちの新たな調査地である足尾《あしお》には、山のいたるところに草原が広がっていて見晴らしがよいという、他の調査地にはない特《とく》徴《ちょう》があった。この特徴《とくちょう》を生かして、わたしたちは春から夏にかけて、直接観察によるクマの食べ物調査を試みた。その結果、いずれの時期もいかに効率よく栄養を摂取《せっしゅ》するかを追求する、新たなクマの姿を発見することができたのだった。

◆みんな同じものを食べているわけではない

これまで、いろいろとクマの「食」について述べてきた。ただ、これまで述べてきたクマの食性は、少し専門的に言うと、ある個体群のクマの食性について述べてきたことになる。つまり、足尾《あしお》のクマはアリをよく食べるようであるというように、足尾《あしお》にすんでいるクマたち（個体群）全般の話ということになる。しかし、実際は足尾《あしお》にすんでいるすべてのクマがアリを食べているかというと、じつはそうとも限らないのだ。このことは、われわれ人間の場合を考えれば、想像しやすいと思う。たとえば、日本人は魚をよく食べるといっても、すべての日本人が魚をよく食べるわけではなく、中には魚をまったく食べない人もいるし、魚ばかり食べる人がいるのというのと同じである。

では、足尾《あしお》のクマの食べ物には、個体差は存在するのであろうか？　じつはクマの仲間のヒグマでは、同じ場所にすんでいるヒグマでも食べ物が異なることが知られている。アラスカなどに生息するヒグマは、秋になると川に遡上《そじょう》するサケを目当てに川でサケを待ち伏《ぶ》せをしたりするが、そこでもすべてのヒグマがサケを捕食《ほしょく》できるわけではなく、体の大きな、大人のオスがもっともたくさんサケを食べ、体の小さな個体や、子どもがいるメスなどはあまりサケを食べることができずに、代わりに果実を食べていることが知られている。このように、ヒグマの場合は年齢《ねんれい》や、性別、体の大きさによって、同じ場所にすむ個体でも食べ物が異なるようである。一方、ツキノワグマは基本的にはどこにでもたくさんある植物を主な食べ物としているため、ひょっとしたらあまり個体ごとに食べ物はちがわないのかもしれない。この疑問に答えるために、これまでとはちがったアプローチでクマの「食」に迫《せま》ってみたい。

クマの個体ごとに食べ物がちがうことを明らかにするのにもっともかんたんな方法は、足尾《あしお》ならではの直接観察によって、個体ごとに食べているものを観察するのが、確実な方法だろう。ただし、これには大きな問題があった。確かに足尾《あしお》ではクマを観察することはできるのだが、クマの個体識別をすることが非常にむずかしいのだ。これまで様々な野生動物で、顔つきや顔の傷、体の模様などで個体識別をする取り組みがなされているが、クマの場合にはそれが非常にむずかしい。

近くで出会っても、クマの個体識別はむずかしい

ツキノワグマの場合では前述したように胸の白い斑紋《はんもん》が個体ごとにちがうので、胸の模様がわかれば個体識別はできる。しかし、クマの胸の斑紋《はんもん》をしっかり見るには、クマに二本足で立ち上がってもらい、さらに、こちらを向いてもらわないといけない。

また、顔のちがいで個体識別をすることは、サルやカモシカの研究者はおこなっているが、わたしにそういった才能がないのか、どのクマの顔も同じに見え、また野外でクマの顔をまじまじと見ることもできないため、この方法も使えず、結局直接観察で、クマの「食」の個体差を明らかにしようとする試みはうまくいかなかった。

続いては、伝統的な糞分析《ふんぶんせき》が使えるのではない

食べたものは分かるが……。

右上：ブナを食べた糞《ふん》
右下：ミズナラを食べた糞《ふん》
左上：草を食べた糞《ふん》

かと考えてみた。しかし、山で拾った糞《ふん》はどのクマが排泄《はいせつ》した糞《ふん》なのかがわからないし、糞《ふん》をしている現場を運よく見られたとしても、結局、どの個体だか分からない。

そこで、今回はクマの体毛を使った、新たな試みをおこなうことにした。それは、体毛の炭素および窒素《ちっそ》の安定同位体比と呼ばれる成分を測定する方法だ。ここで、かんたんにこの方法の概要《がいよう》を説明しておこう。

わたしたち人間をはじめ、動物の骨や筋肉、体毛などは、食べ物から得られた多くの物質からできあがっている。なかでも窒素《ちっそ》と炭素は、体の様々な部位をかたちづくる大切な元素だ。その窒素《ちっそ》には14Nと15Nが、炭素には12Cと13Cという安定同位体（同じ元素で質量がちがう）が存在しているのだが、その窒素《ちっそ》安定同位体比と炭素安定同位体比は、自然界で起こる様々な反応によって変化する。そのため、動物の食べ物はそれぞれ様々な安定同位体比をもつことが明らかになっている。つまり、食べ物がもつ安定同位体比と、動物の体の安定同位体比を比べると、その動物が、どのような食べ物をとっていたのかを調べることができるのだ。

この動物の体には、体毛や血液、肉など様々な部位が該当《がいとう》するが、中でも体毛は毛が成長している間に、その都度摂取《せっしゅ》した食べ物の成分が、その時期に伸《の》びた体毛に反映されているため、体毛の成長に沿って分析《ぶんせき》することにより、その時期ごとの食べ物が推定できるのである。そして、何よりも体毛は、クマを捕獲《ほかく》したときにクマから採取しているので、個体の特定はすでにできている。

◆はたして、クマによって食べ物は異なるのか

これまで足尾《あしお》で捕獲《ほかく》してきたクマ一四九個体分の体毛の分析《ぶんせき》を始めることにした。分析《ぶんせき》は研究室の長沼知子《ながぬまともこ》さんと始めたが、できるだけ各時期の食べ物のちがいを明らかにするため、つぎのような作業で解析《かいせき》をおこなった。

クマの体毛は、個体によってちがうが、長さは10〜15センチ。これまでの研究で六月ぐらいから伸《の》び始め、十月ぐらいには成長が止まることが知られている。そして、翌年の八月ぐらいに抜《ぬ》け落ちる。そのため、体毛の毛先の部分は六月の食べ物の成分が反映されていて、根本に近い部分は十月に食べた物の成分が反映されていると考えられる。そのため、毛を細かく、順番に切ることで、どの時期に、どのようなものを食べていたのかを推定することができるのだ。今回は一本の毛を5ミリの長さに切り刻むことにしたため、かなり根性が必要な作業となった。細心の注意を払《はら》って、息を殺しながら、切った毛が鼻息で飛んでしまわないように、慎重《しんちょう》に切り刻んだ。一四九個体分だが、一個体につき数十本の体毛があるので、切り刻んだ体毛の本数は五千本以上になった。そして、それらの切り刻んだ毛を機械を使って分析《ぶんせき》したところ、個体と食べ物の関係について、とても面白い結果が現れた。

まず、足尾《あしお》の春から夏にかけてのクマの多くは、これまで述べてきたように木や草の葉やアリを主に食べているのだが、若いクマのほうが、これらの葉やアリを食べる割合が高いのだ。一方、年をとるにつれて、シカを食べる個体が増えていた。クマがシカを食べると聞いて、クマはおもに植物を食べる食生活を送っているというこれまでの話とは異なり、少し驚《おどろ》くかもしれな

い。しかし、はじめに書いたように。クマは食肉目と呼ばれる仲間であるように、もともとは肉食の動物であったことから、植物よりも動物のほうがよく消化もでき、さらに栄養価も植物よりも動物のほうが高い。そのため、動物の肉などをもし食べられるのなら、どんどん好んで食べたはずなのだ。しかし、大人のシカは逃《に》げ足が速いため、クマがどれほどがんばってもそうかんたんには捕《つか》まえることはできない。そのためクマは、捕《つか》まえるのがむずかしいシカをねらうことに労力を使うよりも、栄養価は低いけれど動かずに身の回りにたくさんある植物を食べるようになったといわれている。

では、なぜ、初夏の大人のクマはシカを食べることができたのだろうか？　それは、六月から七月にかけての時期がシカの出産の時期にあたることが関係している。じつは、生まれたばかりのシカの子どもは、母親のシカが少し離《はな》れた場所に行ってしまっても、その場を動くことなく、草むらでじっとしていて、人間でもかんたんに手で捕《つか》まえられるぐらいである。つまり、クマもこの生まれたばかりの子ジカを襲《おそ》って食べているのだ。しかし、いくら動かない子ジカといっても、子ジカが山の中のどこにでもいるわけではない。そのため、おそらくクマは生きていく中で、いろいろな経験をつみ、どんな場所なら子ジカがいそうだということを学習していったのではないかと考えられる。だから、大人のクマのほうが、若いクマよりも子ジカを食べる機会が多いのだろう。

さらに、すべての大人のクマが子ジカを食べているわけではなかった。オスの大人のクマのほうが、多く子ジカを食べていたのだ。その理由としては、やはりオスのほうがメスよりも体が大きいので、もしオスとメスとの間で子ジカの取り合いになった場合には、体の大きいオスが競争に勝っているのかもしれない。また、オスのほうが、メスよりも広い範囲《はんい》を行動することから、子ジカを発見する機会が多く、より多くの子ジカを食べることができるのかもしれない。

では、秋はどうだろうか。ここまで、秋のクマにとってはドングリが大事だという話をしてき

		炭水化物（%）	タンパク質（%）	脂質（%）
ドングリ類	ミズナラ	90.3	4.4	1.7
	コナラ	88.3	4.5	2.5
	クリ	84.5	8.5	1.5
果実	ウワミズザクラ	79.5	15.4	3.5
	ミズキ	15.4	6.5	48.5
	野生のサクラ（カスミザクラ）	64.1	18.9	2.5
動物	シカ肉	1.5	21.5	2.1
	キイロケアリ	2.8	34.3	22.7

（Shimada and Saitoh 2003、Yamazaki et al. 2012、小池未発表）

たとおり、やはり基本的にはどのクマも、秋にはドングリを中心に食べる。しかし、ドングリが凶作《きょうさく》の年になると、個体によって食べ物が異なってくる。ドングリが凶作《きょうさく》の年には、若いクマや大人のメスのクマは森に存在するいろいろな樹種の果実を食べる傾向《けいこう》があるのだが、大人のオスのクマはいろいろな樹種の果実だけでなく、カマドウマやスズメバチといった昆虫《こんちゅう》類もよく食べていた。ここでも年齢《ねんれい》を重ねるごとに経験が増えることが影響《えいきょう》しているようだ。つまり、若いクマはドングリが凶作《きょうさく》の年には、かんたんに見つけられる樹木の果実を食べ、一方、森の中でかんたんに発見することはできないが、タンパク質の多いカマドウマやスズメバチを、経験豊かな大人のクマが食べていたのだろう。

では、ドングリが豊作の年はどうだろうか。当然、ほとんどのクマがドングリを食べているはずなのだが、大人のオスにかぎって、食事の半分ぐらいは相変わらずカマドウマやスズメバチといった昆虫《こんちゅう》類も食べていた。なぜ、森の中にドングリがたくさん存在するのに大人のオスが、わざわざ探すのに労力が必要な昆虫《こんちゅう》を食べているのか、今の段階ではよくわからない。いずれにしろ、大人のオスとメスとでは、かなりちがった食生活をしていることは確かなようである。

わたしたちはこれまで、足尾《あしお》の春から夏のクマは植物の葉や草、アリを多く食べ、秋のクマはみんなドングリをひたすら食べていると考えていた。ところが実際のクマの食生活は、クマの年《ねん》齢《れい》や性別によって、食べているものがちがっていたのだ。まったく予想をしていなかったこの結果は、わたしたちに野生のクマの食生活の奥《おく》深さを感じさせてくれたのだった。

第四章

クマハギ

◆クマハギとは?

「クマハギ」と聞いて、皆《みな》さんは何を想像できるだろうか。「クマ剥《は》ぎ」と書くと、少しは想像できるかもしれない。もちろんクマの毛皮を剥《は》ぐわけではなく、クマが樹木の樹皮を剥《は》ぐ行動のことを、わたしたちは「クマハギ」と呼んでいるのだ。クマハギは、五月から八月にかけて発生し、さまざまな種類の樹木に対して見られる、クマの一般的《いっぱんてき》な行動の一つだ。しかし、なぜクマが木の皮を剥《は》ぐのか、その理由はじつはよくわかっていない。

その理由として、古くから指摘《してき》されているのが、①「食物資源説」と呼ばれるものだ。それは、クマが爪《つめ》を使って木の樹皮を剥《は》がした後に、下あごの前歯を使って木の形成層の部分を削り取って食べているからだ。形成層部分には甘《あま》い樹液が多く含《ふく》まれているが、五月から八月にかけてはその量がさらに増える。しかも、クマは樹液の量が多くなる大きな木を好んで樹皮を剥《は》いでいる。つまり、クマは木の形成層を食べたいために、木の樹皮を剥《は》いでいるのではないかという説である。

その他の理由として、②「誘引説《ゆういんせつ》」というものもある。これは、木の樹皮を剥《は》いだ際に発生する独特の匂《にお》いに、クマが誘引《ゆういん》されているのではないかという説だ。ヒノキのお風呂《ふろ》や新しい割り箸《ばし》から木の独特な匂《にお》いがするが、樹皮を剥《は》がしたばかりの樹木からも、アルファー・ピネンと呼ばれる化学物質が発生している。この物質をクマが好むという実験もおこなわれていることから、この説が提唱されているのだ。アルファー・ピネンが、どのような匂《にお》いがするのかを言葉で説明するのはむずかしいが、スギやマツなどを使ったアロマオイルの匂《にお》いに近いかもしれない。

クマハギにあったスギ

じつは、クマはこの物質以外にも、揮発性の高いシンナーやニス、ペンキなどの匂《にお》いが好きだ。登山をする人なら経験があると思うが、登山道の案内標識の支柱がよく破壊《はかい》されている。注意深くその支柱を見てみると、クマの爪《つめ》あとや歯型がついていることがある。これは、支柱に塗《ぬ》られている防腐剤《ぼうふざい》やニスの匂《にお》いによって、クマのそのような行動が誘発《ゆうはつ》されているのではないかと考えられている。

さらに、もう一つの理由として、③「マーキング説」と呼ばれるものがある。クマハギが発生する六月から八月がクマの繁殖期《はんしょくき》と重なることから、クマが木の樹皮を剥《は》ぐことで自分の存在、つまりなわばりを他のクマに示すなど、何らかのマーキング行動としておこなっているのではないかというものである。

これら説があげられているにもかかわらず、これまでクマハギの理由が確定されてこなかった最大の要因は、クマハギがクマの生息地すべてで見られるわけではなく、しかも、クマハギをおこなうクマの中にはオスもメスも、子どもも含《ふく》まれるからだ。

最近の研究で、クマハギをおこなう個体どうしの関係を解析《かいせき》してみると、母子関係であることが多いことがわかってきた。これは、母グマがクマハギをおこなう個体であった場合には、母グマが子グマの育児をしているときに、子グマに木の樹皮を剥《は》がすのを見せることで、木の形成層は食べられることを教えているのだろう。そうすると、その子グマが親離《おやばな》れをした後でも、クマハギをし続けていると考えられるのだ。

一方、クマハギをしない母グマに育てられた子グマは、母グマから樹木の形成層を食べ物として教えられたことがなく、さらに親離《おやばな》れ後も単独で森の中ですごし、他のクマから教えてもらう機会はないため、樹木の形成層を食べ物として認識することはなく、クマハギをおこなわないのだろう。こういった、クマが持つ母親と子どものつながりの深さや、単独で森の中で生活をするといった特徴《とくちょう》から、クマハギは、その地域に生息するすべてのクマがおこなうのではなく、一部の個体がおこす行動となっているのだろう。

◆林業とクマハギ

これまでクマハギというクマの行動について述べたが、じつは、クマハギは、天然の森林の中で発見することがむずかしいぐらい、それほど頻繁《ひんぱん》な行動ではないのだ。しかし、この行動が人間が育てた森で発生すると、非常に大きな問題となる。

人間が育てた森を、人工林という。人工林とは、人間が家などを建てるために使う材木を生産するための森で、そのような森を作る産業を林業と言う。林業では、人間がスギやヒノキといった樹種の高さ30センチほどの苗木《なえぎ》を山に植え、その後五〇年以上かけて木の世話をする。なぜ、このように長い年月のあいだ世話をしなくてはいけないのかというと、木の苗《なえ》を山に植えたままでは、家を建てるようなまっすぐな材木が作れないからだ。まっすぐな材木を作るためには、植えた苗木《なえぎ》の生長に邪魔《じゃま》にならないように、苗木《なえぎ》の周りに生えてくる草の草刈《くさかり》をしたり、節目のない材木を得るために、枝打ちといって、余計な枝を切ったりする作業をおこなう必要がある。そして、五〇年以上の年月の後、ようやくわたしたちが目にする材木が取れるような立派な木に成長する。林業は、何世代にもわたって、多くの手間と時間がかかるのだ。

そのように丹精《たんせい》こめて育てられた木がクマハギをされてしまうとどうなるか？　クマハギにあった木は、樹皮の剥《は》がされた場所から腐朽菌《ふきゅうきん》と呼ばれる菌《きん》が木の内部に侵入《しんにゅう》して、材木として使うはずの木の中心の部分が腐《くさ》ってしまう。腐《くさ》らない場合でも、木の中心部分が腐朽菌《ふきゅうきん》によって黒く変色してしまい、材木としての価値が大きく損なってしまうのだ。さらにクマハギは、材木として市場に出荷される前の、十分に大きく成長した木に対しておこなわれるため、林業に従事している人たちにとっての経済的損失はとても大きい。林業を営む人からすると、それまでの何十年もかけて育ててきた木を、一瞬《いっしゅん》で台無しにしてしまうクマハギは、なんとしてでも防ぎたい死活問題なのだ。

人工林でのクマハギは日本各地で発生していて、今の日本の林業では大きな問題となってい

プラスチック製のネットを巻くクマハギ対策

る。そのため、林業を営む人たちは、いろいろな方法でクマハギを防ごうと試みている。各地でよくみられる対策の一つが、木にプラスチック製のネットやテープを巻くことだ。こういった対策で、たしかにクマが樹皮を剥《は》がしにくいようにすることはできる。しかし、広い山の中で木一本一本にネットやテープを巻く作業は、費用と労力がかかるため、この方法は実際にはあまり普及《ふきゅう》していない。

結局、クマハギの対策として多くの地域でおこなわれているのは、山の周辺に捕獲《ほかく》用の檻《おり》を設置し、クマを駆除《くじょ》することだ。しかし、前述したように、クマハギをおこなうクマは特定の個体なので、蜂蜜《はちみつ》のしぼりかすで無差別にクマを誘引《ゆういん》して捕《つか》まえたとしても、その犯人である特定の個体を駆除《くじょ》しない限りはクマハギは減らないと考えられるため、その効果は疑問視されている。

◆クマハギはいつ、どこで発生する？

クマハギが発生しやすい条件を探るため、足尾《あしお》の山の隣《となり》にあるわたしが勤める大学が所有する演習林（大学の授業のために使う森。木を植えたり、切ったりする実習をおこなう）で、研究室の小橋川祥子《こばしかわしょうこ》さんとともに調査することにした。調査では、いつ、どこで、どの程度の量の木がクマハギにあっているのかを明らかにするために、植わっている木の種類やそれらの木の樹齢《じゅれい》（木の年齢《ねんれい》、つまり木を植えてからの経過年数）が異なる森六十五か所を選んで、それぞれの森の中に直径十メートルの円形の調査区を設置することからはじめた。

しかし、この作業は思っていたよりかんたんではなかった。調査地には急な斜面があったり、中には人間の背丈《せたけ》ほどのササや低木が生えている場所もあったりして一筋縄《ひとすじなわ》ではいかない場所もあった。何とか調査地を決めた後は、その円形の調査区の中にはえているクマハギの被害《ひがい》にあったことのある木を選び出し、それらの木を切る作業を始めた。

なぜ、木を切るかというと、それらの木が、いつクマによって樹皮をはがされたのかを明らかにするためだ。

木の幹を切断すると、幹の断面にはバウムクーヘンのような、年輪とよばれる縞状《うずじょう》の円形の模様が現れる。この年輪は色の薄《うす》い部分と濃《こ》い部分が一つのセットになって、一年に一本ずつ作られ、木はだんだん太くなっていく。つまり、この年輪の数を数えれば、その木の樹齢《じゅれい》がわかる。

健全な、クマハギにあっていない木の場合では、この年輪がどんどんと外側に、毎年作られているのだが、もしクマハギにあってしまうと、樹皮がはがされた部分は大きく成長することができなくなる。しかし、クマハギにあわずに残された樹皮の部分はその後も成長を続ける。さらに、この残された樹皮の部分は、クマによって樹皮が剥《は》がされてしまった部分を、残った樹皮を成長させて覆《おお》おうとする。ちょうど、人間の傷口を周りの皮膚《ひふ》が成長して包み込《こ》むようなイメージで、残りの樹皮が成長していく。つまり、木を切断して、このクマハギにあった部分を覆《おお》おうとする樹皮のあたりを細かく観察すると、その木がいつクマハギにあったかを知ることができるのだ。

ただ、木を切るといってもそれはかんたんな作業ではなかった。切らなくてはならない木は千六百本を越《こ》え、しかも、慣れないチェーンソーをわたしたちが使うのは危険なため、地道にのこぎりを使って切った。結局、研究室のメンバー総出で何回も演習林に出かけ、半年以上かけてこれらの木を切っては、円盤状《えんばんじょう》にした木を研究室に持ち帰り、それらの木の年輪を数える作業をおこなった。

その結果、足尾《あしお》周辺では、クマハギは一九八〇年代中ごろから発生し始め、一九九〇年代後半からは毎年クマハギが発生している様子が明らかになってきた。さらに、この十年ぐらいは、クマハギの発生量が大きく増加していた。また、年によってもクマハギの発生量が多い年と少ない年があることが見えてきた。まずは、なぜ、年によってこんなにもクマハギの発生量にちがいがあるのか、いろいろな要因を考えてみた。

考えられる要因の一つに、これまでも何回も登場してきたドングリの凶作《きょうさく》が、ここでも関係しそうであった。どういうことかというと、ドングリが凶作《きょうさく》だった翌年の夏にはクマハギが多く発生していたのだ。ドングリが豊作の場合には、森の中にいろいろな動物が食べきれないドングリが翌年の春まで残り、そういった年には、クマは春にも森の地面に残されたドングリを食べることできる。しかし、ドングリが凶作《きょうさく》の年の翌春には、地面にドングリは残っていないので、クマの食べ物は不足しがちだ。こうして、栄養状態があまりよくないまま初夏を迎《むか》えたクマが、クマハギをして

年輪を数えてパソコンに入力する

いるのではないかと考えられた。

そのほか、暖冬の年の初夏にもクマハギの発生量が多くなる傾向《けいこう》が見られた。暖冬だと、クマの冬眠《とうみん》を終える時期が早くなる。春はまだ木や草が十分に芽《め》吹《ぶ》いておらず、栄養が十分に摂取《せっしゅ》できないまま初夏を迎《むか》えたクマが、足りない栄養をクマハギをおこなうことで補おうとしているのかもしれない。

しかし、なぜ二〇〇〇年代後半から、この地域で急激にクマハギが増加してきたのかは、よくわからない点である。それよりも前から、この地域にはクマは生息していたし、人工林もたくさん存在していたのに、である。ひょっとしたら、それまで、この地域に生息するクマはクマハギを知らず、どこか遠くからクマハギを知っているクマがやってきたことで、この地域のクマにクマハギが広まったのかもしれない。

では、クマハギが発生しやすい場所の特徴《とくちょう》があるかどうか、これについてもいろいろな解析《かいせき》をおこなった。たとえば、道から遠いところにクマハギが多いのではないか？　ゆるやかな斜面《しゃめん》のほうがクマハギが多いのではないか？など、いろいろ検討してみたが、クマハギが発生しやすい場所の共通した特徴《とくちょう》を見つけることはできなかった。しかし、前の年にクマハギが発生した森では、翌年もクマハギが発生する確率が高いことは明らかになった。つまり、もし同じクマがクマハギをしているのなら、クマは前の年にクマハギをした場所を記憶《きおく》しているのかもしれないし、いろいろなクマがクマハギをしているのなら、ひょっとしたら他のクマが剥《は》いだ痕《あと》を目印に、クマハギをする場所を選んでいるのかもしれない。ただ、まだまだわたしたちが思いもよらないような、クマにとって魅力《みりょく》のある森の条件があるのかもしれない。

第五章 これからのクマ研究

◆新しい研究アプローチの試み

これまで、わたしがおこなってきた山梨《やまなし》、足尾《あしお》でのクマ研究、特に食をめぐるクマの姿を紹介《しょうかい》してきた。ここからは、現在おこなっている、またはこれからおこないたいクマ研究や、クマ研究の大切さを紹介《しょうかい》したい。

わたしが野生動物の研究をしているというと、「獣医《じゅうい》さんですか」と聞かれることが多い。確かに、動物の研究＝獣医《じゅうい》、というイメージが強いのだろう。しかし、わたしのように野外で野生動物の生態調査をおこなっているのは、ほとんどが獣医学《じゅういがく》の研究者ではなく、同じ農学系でも森林や環境《かんきょう》をあつかう分野の研究者が多い。しかし、特にクマのように野外で観察し、触《ふ》れ合うことがむずかしい動物の場合、わたしたちのようなやり方で野外での生態調査をおこなうだけでは、その動物本来の姿を明らかにすることには限界がある。そのため、わたしたちの研究チームでは、獣医学《じゅういがく》の研究者と共同で、これまでおこなってきた野外での生態的な研究と、獣医学《じゅういがく》の研究者が得意な生理的な研究を組み合わせた新しい研究を開始している。また、日々進化する科学技術や使用する機材を、野外調査に取り入れている。

海外の獣医師との共同研究（超音波検査）

まず、獣医学《じゅういがく》の研究者との共同研究では、野外のクマの体温や心拍数《しんぱくすう》などの生理的な情報を収集しはじめている。これらの情報を野生のクマから得ることができると、心拍数《しんぱくすう》の変化からクマがどういった場所にいるとリラックスできるのか、また体温の細かな変化から無事に繁殖《はんしょく》が成功しているのかどうかなどが推定できるようになる。

では、どのようにして体温や心拍数《しんぱくすう》の情報を測定するかというと、野外でクマを捕獲《ほかく》した際に、クマの体内に体温や心拍数《しんぱくすう》を測定できる装置を装着するのだ。さらに、この装置は同時にクマに装着するＧＰＳ受信機とも連動しているので、装置で測定した体温や心拍《しんぱく》数《すう》の情報は、ＧＰＳ受信機と通信衛星を利用して、わたしたちの手元のパソコンに届く。こうして、わたし

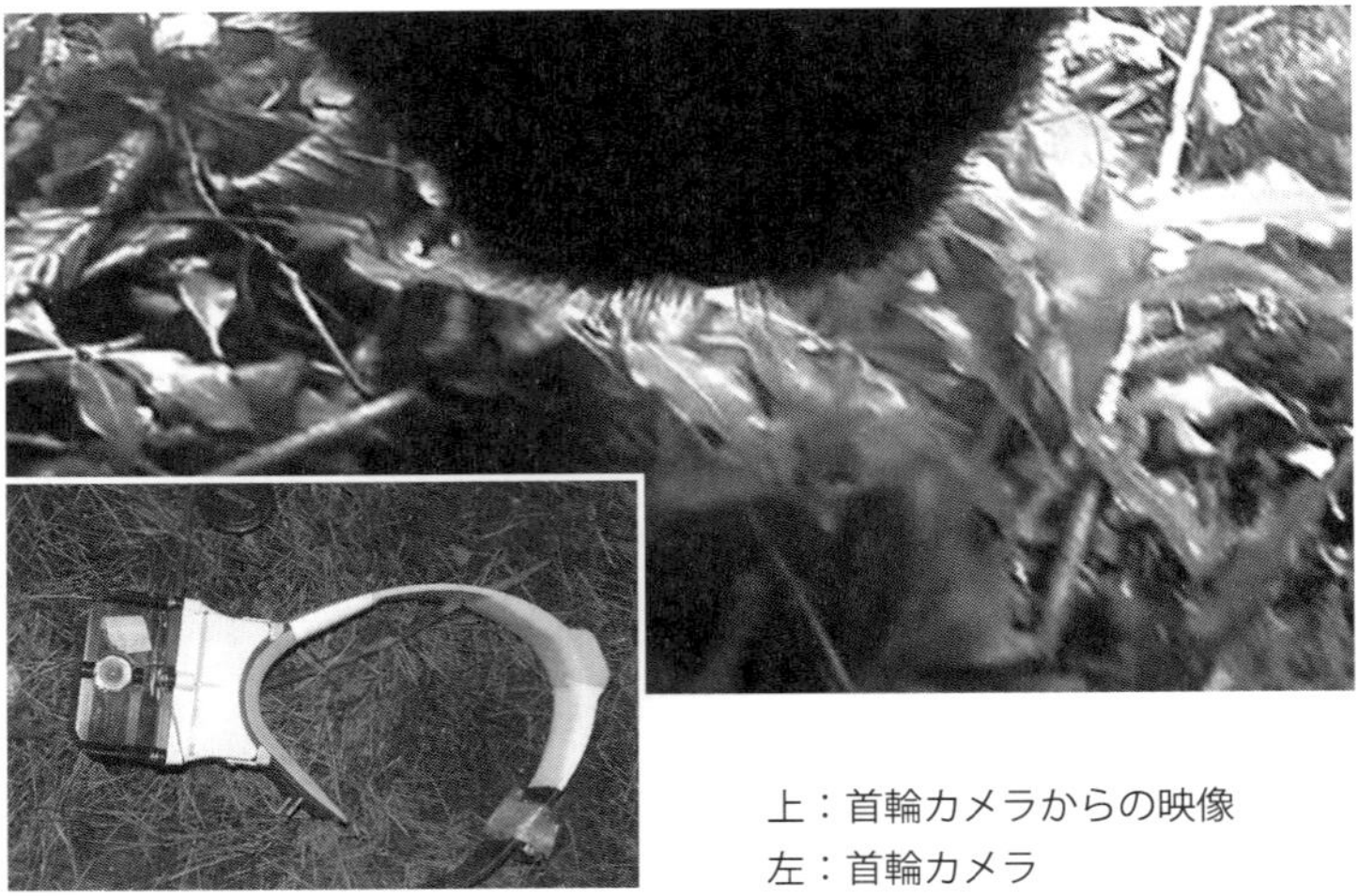

上：首輪カメラからの映像
左：首輪カメラ

たちはクマの位置情報と同時に、その時の体温や心拍数《しんぱくすう》の情報も得ることができるのだ。

　もう一つの新たな科学技術の導入では、クマの目線で森を見る試みである。最近はスマートフォンにも高精度なカメラがついているように、カメラの技術開発が進んでいる。そこで、カメラをクマに装着する首輪に搭載《とうさい》し、クマが行動しているときの映像を撮影《さつえい》することで、クマが何を見ながら、森を歩いているのかを探ろうというのだ。

　すでに、アザラシなどの海棲《かいせい》哺乳《ほにゅう》動物では動物にカメラや様々な測定機器を搭載《とうさい》して、海の中でどのような行動をしているかを探る調査（バイオロギングと言われる）がおこなわれている。

　しかし、残念なことに、陸上の動物にはまだあまり応用例はない。特に、クマのように手先の器用な動物は、装着した首輪を手で壊《こわ》してしまったりするので、これまでなかなか技術が開発されてこなかった。それでも、カメラの小型化技術が進んだおかげで、壊《こわ》しにくい構造の首輪カメラをクマに装着できるようになり、手で破壊《はかい》される心配も少なくなった。カメラから情報が得られたら、実際にその場所でクマが何をおこない、何を食べているかも明らかにすることもできる。これまで紹介《しょうかい》してきた、クマの行動を追跡《ついせき》する装置では、確かにそこにクマがいることはわかるのだが、そこで実際に何をやっているのかはわからないという、歯がゆさがあった。その弱点を、このカメラを搭載《とうさい》した首輪は解決してくれるはずである。

まだ、わたしたちはこういった取り組みを始めたばかりだが、近い将来にはこれらの調査で得られた情報から、まだまだわたしたちが知らなかった、森の中での本当のクマの姿が次第に明らかになってくることを期待している。

◆ロシア沿海州でのクマ調査

わたしは高校生のときに日本の野生動物に興味を持って以来、これまで日本の野生動物、特にクマの研究を各地でおこなってきたが、二〇一三年からは、ロシアでもクマの調査を始めている。ツキノワグマは日本以外にも生息することは第一章でも紹介《しょうかい》したが、じつはロシアの沿海州地域ではツキノワグマとヒグマが同じ場所に生活している。さらにこの二種のほかにも、トラ、ヒョウ、オオカミといった、大型の捕食者《ほしょくしゃ》も生息しているという、日本とはまるでちがう環境《かんきょう》である。わたしはこれまでの山梨《やまなし》や足尾《あしお》でのクマ研究を通じて、同じツキノワグマが海外ではどのような生活を送っているのか興味を持つようになり、ロシアでの調査に参加したのだ。

ロシアでのクマ研究の最大の目的は、森林を主な生活場所とし、より植物食に適応したツキノワグマと、森林以外の場所でも生活することができ、より雑食性に適応したヒグマが、どのようにして同じ場所で生活をしているのかを明らかにしようとするものである。調査ではツキノワグマとヒグマの両方を捕獲《ほかく》し、それぞれにGPS受信機を装着するのだが、それらのGPS受信機には日本のクマ研究では使ったことがない装置を搭載《とうさい》している。それは、それぞれのGPS受信機どうしが相互《そうご》に通信することができる「接近感知センサー」だ。

このセンサーは、通常時、GPS受信機に二時間に一回、クマの居場所を記録するように設定してある。しかし、もしツキノワグマとヒグマが森の中で遭遇《そうぐう》して、お互《たが》いが避けたり、あるいは追いかけあったりした場合には、二時間に一回の頻度《ひんど》でそれぞれの居場所を記録したのでは、どのような行動を取ったのかはわからない。そのため、GPS受信機を装着したツキノワグマとヒグマが、一定の距離《きょり》に接近した場合にはセンサーがはたらいて、それぞれのGPS受信機が自動的に通信をおこない、数分間隔《かんかく》でクマの居場所を記録するよう設定してある。また、同時に、日本のツキノワグマと同じように心拍数《しんぱくすう》を計測する装置も装着することで、お互《たが》いが接近することで、クマどうしが緊張《きんちょう》しているかどうかも明らかにできるだろう。このような大型の野生動物で、二つの種の関係を、生態の面と生理の面とで調査するのは世界で初めての取り組みである。

しかし、言葉であらわすのはかんたんでも、この研究プロジェクトが始まってからの最初の三年間は、トラップの設置やGPS受信機の使用などの許認可申請《しんせい》に追われ、それらの回答を待ち続ける日々であった。そしてプロジェクト開始の四年目にして、ようやくクマの捕獲《ほかく》が始まるところまでたどり着いた。日本でのクマの捕獲《ほかく》調査では、わたしたちは蜂蜜《はちみつ》のしぼりかすを誘引《ゆういん》用のエサとして使っていた。しかしロシアでは、海辺に打ち上げられたクジラの死体や、狩猟《しゅりょう》で捕《と》られたシカやイノシシなどをエサとして使う。そのため、まずは誘引《ゆういん》用に使うエサを確保するために、海辺に腐乱《ふらん》したクジラの死体を回収しに行くことから始まる。そして、誘引《ゆういん》用のエサが確保できたら、ようやくトラップの設置である。

こちらでは、日本で使用しているドラム缶《かん》型のトラップのほか、伝統的に用いられる「くくりわな」というトラップも用いる。これらのトラップは、町から遠く離《はな》れた森の中に設置するため、トラップを設置している数週間は電気、水道、ガスのない森の中で、小さな小屋に寝泊《ねとま》りしながら、毎日トラップの見回りをおこなう。沢《さわ》から水を汲《く》んできて、薪《まき》の火で料理をつくり、川で水浴びをするといった、日本では味わえない生活の日々は、ロシアでのクマ調査の最大の楽しみである。

現在、ツキノワグマ四頭、ヒグマ五頭にＧＰＳ受信機を装着し、追跡《ついせき》調査をおこなっている。今年もまた、新たにクマの捕獲《ほかく》をおこない、追跡《ついせき》するクマを増やすことで、日本とは異なるツキノワグマの姿が見えてくることを期待している。

◆日本のクマの今

最後になったが、改めて日本のツキノワグマの現状と課題を紹介《しょうかい》したい。

ツキノワグマは、現在は本州と四国に生息しているが、くわしい生息頭数はわかっていない。

意外に思うかもしれないが、クマのように森の中で生息し、直接観察ができない動物の場合、個体数を数えることは非常にむずかしい。さまざまな方法で、クマの個体数を求めようとする試みがおこなわれているが、現在のところ画期的な方法はないのが現状である。

ちなみに、推定されているツキノワグマの生息頭数は、一九九二年に環境庁《かんきょうちょう》（現環境省《かんきょうしょう》）が八千四百頭から一万二千六百頭という数字を出していたのだが、二〇〇六年にクマの大量出没《しゅつぼつ》が全国規模で発生し、当時の推定生息頭数のほぼ半数の五千頭近くが捕獲《ほかく》されたため、これまでの推定生息頭数が過小評価なのではないかということになった。そこで二〇一一年には、環境省《かんきょうしょう》による既存《きぞん》情報の集計によって、暫定《ざんてい》推定生息頭数として一万二千〜一万九千頭という値が出されている。また、近年のモデル解析《かいせき》能力の向上によって、別の解析《かいせき》方法によって算出された推定生息頭数は三千五百〜九万五千頭という値も出ているが、こちらは推定幅《すいていはば》が大きいのが課題である。いずれにしろ、日本に何頭のツキノワグマが生息しているのかは、はっきりしないまま、毎年数千頭のツキノワグマが駆除《くじょ》されているのである。

ツキノワグマは、以前は九州にも生息していたが、一九五七年に死体が確認されたのを最後に、九州のクマは絶滅《ぜつめつ》したと考えられている。また四国では、生息するクマの数が二〇頭以下と考えられていて、絶滅《ぜつめつ》する可能性がきわめて高い、危機的な状況《じょうきょう》に追いこまれている。

しかし、ほかの地域では、近年、全国的にクマの分布は拡大し、東日本では平地以外の森では、どこでもクマが生息しているといっても過言ではない状況《じょうきょう》になっている。すでに、クマは山《やま》奥《おく》の森の中でひっそりと暮らす動物ではなく、人間が住むすぐ裏山にも暮らしている身近な動物になってきたのだ。

このように、クマの分布が拡大した原因の一つは、日本社会の変化がある。過去六十年ぐらいの間に多くの人が地方から都心に移り住み、さらに現在の日本の人口は減少している。このような状況《じょうきょう》の中で、山奥《やまおく》の集落からは人が消え、近年は山奥《やまおく》と平地の間に存在していた農村地域（中《ちゅう》山間地域《さんかんちいき》という）からも人が消え、高齢化《こうれいか》が進んでいる。このような地域は、以前であれば山奥《やまおく》から平地に下りてくる野生動物の緩衝《かんしょう》地帯として働き、野生動物は人間が住む平地にはかんたんに下りてこられない状況《じょうきょう》であった。しかし、人口が減少し、お年寄りばかりの農村地域には、山《やま》奥《おく》から下りてくる野生動物を山に追い返す力は無く、農村地域が新たな野生動物の生息地となってしまった例は多い。こうして、農村地域を中心に、クマをはじめ、シカやイノシシが分布範囲《はんい》を広げ、気づいたらこれらの野生動物と人間とが隣《とな》り合わせ、あるいは一緒に生活していたのだ。

このように、人間の生活する場所とクマが生活する場所とが隣《とな》り合う、または重複すると、いろいろな問題が発生する。その大きな問題に、クマによる農作物への食害と、クマによる人身事故の発生がある。農作物への食害では、畑に電気柵《さく》を設置したりすることで、ある程度解決することは可能であるが、人身事故の問題は深刻である。毎年、数十人から百人近くがクマとの接触《せっしょく》により怪我《けが》を負い、中には命を落とす人もいる。

【クマの分布】
・濃い部分は最近分布が広がった地域
・北海道はヒグマ
〈日本クマネットワークの報告書より〉

　前述したように、ドングリが凶作《きょうさく》の年にクマが人里へ大量に出没《しゅつぼつ》することはあったが、最近では、ふだんはクマが生活していない町の中にもクマが現れることもあって、人身事故はさらに増える傾向《けいこう》にある。そのため、クマが人里や人里の周辺で目撃《もくげき》されただけでも、すぐに捕獲《ほかく》用の檻《おり》が森に設置され、檻《おり》にかかったクマは無差別に銃器《じゅうき》によって駆除《くじょ》されている。結果的に、毎年ツキノワグマは二千頭前後が駆除《くじょ》され、いわゆる大量出没《しゅつぼつ》の年には全国で四千頭を超《こ》えるクマが駆除《くじょ》されている。確かに、人の命も大切だが、中にはまったく関係のないクマも駆除《くじょ》されている可能性も高いのが現状である。

こういった状況《じょうきょう》に対し、クマに対する人々の印象は大きく二つに分かれる。実際にクマと隣《とな》り合って生活をしている人たちにとっては、人身事故を起こし、大切な農作物を食べてしまうクマは、存在してほしくない、時には憎悪《ぞうお》に満ちた対象となる。一方、都市に住み、クマとは動物園やキャラクターとしか接することがない人たちは、クマに対して可愛いイメージを持つ人も多く、人里で目撃《もくげき》されただけで多くのクマが駆除《くじょ》されてしまうことに、人間の勝手だと憤《いきどお》りを感じる人も多い。こういった異なる印象を持つ人たちの間では、しばしばいろいろな問題が発生する。「クマなんて皆殺《みなごろ》しにして絶滅《ぜつめつ》させればいい」人たちと、「かわいそうなクマを救いたい」人たちの間では、どうしても感情的なぶつかり合いがおこり、理解し合うことは並大抵《なみたいてい》ではない。しかし、こういった主張をよく聞くと、お互《たが》いに正しいクマの姿を理解していないことも多い。このような場合、いかに正しい情報を伝えるかで、思いこみによるクマへのまちがった印象を修正し、ぶつかり合いを解決できることもある。

わたしたち研究者は、誰《だれ》もが正しいと認めることができる科学をベースにした正しいクマの姿を一つ一つ明らかにして、世間に発信していくことで、正しいクマの姿の普及啓発《ふきゅうけいはつ》に貢献《こうけん》し、こういった問題の解決に努めていくべきだ、とわたしは考えている。そして、それが結果的には、クマやクマがすむ森を守ることにもつながると考える。

あとがき

本書で、二〇年弱にわたるわたしとクマとの付き合いを紹介《しょうかい》してきた。わたしの研究では、クマの「食」から、クマに近づこうとしている。なぜ、「食」なのかというと、人間でも同じように「生きること＝食べること」だから、「食」からその動物に近づけば、まちがいなく最後にはその動物の生き様を明らかにできると考えたからである。どこまで、クマの生き様に迫《せま》ることが出来たのかは、正直よくわからないが、ひとつ言えることは、クマ研究をおこなえばおこなうほど、どんどんクマについてわからないことが増えている。だから、クマ研究をやめられないのかもしれない。

本書を読んでくださったみなさんに共感してもらえるとうれしいが、わたしにとってクマは非常に魅力的《みりょくてき》な動物である。「どのような点が、クマの一番の魅力か?」と尋ねられると答えに困るが、あえて挙げるとすれば「個性」だろうか。この本の中でも、個体によって食生活がちがうことを紹《しょう》介《かい》したが、たとえば、これまでわたしは百頭以上のクマを捕獲《ほかく》してきたが、トラップの中で非常に怒っているクマもいれば、トラップの片隅で丸くなって恐る恐るこちらをちらちら見ているクマもいるように、驚《おどろ》くほど一頭一頭に個体差がある。おそらくクマは広い森の中で、単独で生活しているため、他の個体から何かを教わる機会もなく、経験も個体によってちがうため、ほかの動物より も「個性」が強いのかもしれない。こんな、どことなく人間に似ているような気がしてしまうのも、クマの魅力のひとつかもしれない。

本書で、クマの魅力《みりょく》をみなさんに伝えることができたかはわからないが、一人でも多くの方の頭の中に、それまで持っていたクマに対するイメージとは異なったクマの姿が浮かんでいるようであれば本望である。

本書を読んだ方の中には、書かれている内容と書名とがちがうのではないかと思われた方がいるかもしれない。書名は「わたしのクマ研究」。でも、本書の中でわたしは多くの方々と一緒に仕事をしている。そのため、本来は「わたしたちのクマ研究」にすべきかもしれない。ただ、クマのような大型哺乳類の野外調査や生態研究は、一人で成し遂げられることは非常に限られていて、研究を発展させていくためには、チームワークが大事なのである。そのため、わたしたちは、二〇〇三年から Asian Black Bear Research Group（http://www.tuat.ac.jp/~for-bio/top_bear.html）を立ち上げ、長期的な視点をもって、様々な研究者と一緒にクマ研究を進めている。いつか、この本を読んで、クマ研究をしたいと思った方と、一緒にフィールドを歩き、クマ研究をおこなうことができたら幸せである。

これまでのわたしのクマ研究は、非常に多くの方々にお世話になってきた。特に、大学に入学して早々のわたしに、野生動物や森林の研究の魅力を教えてくださった古林賢恒先生、クマ研究を始めるきっかけをくださった羽澄俊裕さん、足尾《あしお》でのクマ研究をともに進めてきた山﨑晃司さん、正木隆さん、阿部真さんには本当に感謝をしている。また、山梨《やまなし》、奥多摩《おくたま》、足尾《あしお》で一緒にクマを追いかけてきた、葛西真輔さん、森本英人さん、後藤優介さん、小坂井千夏さん、有本勲さん、根本唯さん、中島亜美さん、藤原紗菜さん、小松鷹介さん、横手里美さん、梅村佳寛さん、古坂志乃さん、小橋川祥子さん、長沼知子さん、青木薫乃さん、安藤喬平さん、岩崎正さん、名生啓晃さん、稲垣亜希乃さん、栃木香帆子さんとは、楽しい時もあれば、大変な時もあったが、一緒にクマを追えたことはいい思い出である。また、山梨《やまなし》でのクマ研究では、Caitlin Angelさん、今木洋大さん、山元郷介さんにお世話になった。また、足尾《あしお》でのクマ研究では、特に羽尾伸一さんには常に暖かいサポートをいただいている。

本書の表紙をはじめ、快く多くの写真を提供してくださった横田博さんには、心から感謝している。姜兆文さん、二神慎之介さんには、本書の中で使用した写真を提供していただいた。また、直江将司さんには、本書を執筆するきっかけをいただいた。最後に、自身の研究を社会に紹介《しょうかい》する機会を与えてくださった、さ・え・ら書房の浦城信夫さんには心から感謝したい。

最後に、いつもわたしのクマ研究に理解を示してくれる、妻・聖子、両親には、心から感謝している。また、息子・泰智には、いつの日かわたしがおこなっていることを理解してくれたら、うれしい限りである。

二〇一七年五月

著者／小池 伸介（こいけ しんすけ）
1979年名古屋市生まれ。東京農工大学大学院連合農学研究科修了。博士(農学)。現在、東京農工大学大学院農学研究院准教授。専門は生態学、とくに森林生態学、動物生態学。著書に『クマが樹に登ると―クマからはじまる森のつながり』（東海大学出版部）など。趣味は野湯めぐり、沢登り。

〈写真提供〉(敬称略)

横田 博	：表紙，裏表紙 P20,P67,P79,P85
姜 兆文	：P23
二神 慎之介	：P53,P113
古坂 志乃	：P77
岩崎 正	：P91

わたしのクマ研究

2017年8月 第1刷発行　2018年5月 第2刷発行
著　者／小池 伸介
発行者／浦城 寿一
発行所／さ・え・ら書房　〒162-0842 東京都新宿区市谷砂土原町3-1 Tel.03-3268-4261
http://www.saela.co.jp/
印刷／光陽メディア　製本／東京美術紙工　Printed in japan
©2017 Shinsuke Koike
ISBN978-4-378-03919-0 NDC481